可卷曲预制沥青路面材料特性与施工技术

董元帅　著

人民交通出版社股份有限公司
北　京

内 容 提 要

本书重点介绍了可卷曲预制沥青铺装层的研发及工程应用技术方案。该预制铺装层可在工厂中完成预制、卷起成捆并存储,现场铺开施工,可实现沥青路面的预制拼装。本书研发了可卷曲预制沥青路面专用改性沥青材料、优化混合料的配比,并研究了沥青胶结料和混合料的力学性能及路用性能。通过有限元模拟,分析了该混合料在卷曲过程中的力学响应,为可卷曲预制沥青路面的工程实践提供理论基础。依托可卷曲预制沥青路面工程应用实例,对关键技术、施工工艺及性能检测等方面进行详细介绍,为该技术的应用实践提供理论依据及技术支持。

本书可供从事装配式沥青路面设计和研究工作的技术人员参考,也可供高等院校土木工程专业的研究生参考使用。

图书在版编目(CIP)数据

可卷曲预制沥青路面材料特性与施工技术 / 董元帅著. — 北京 : 人民交通出版社股份有限公司, 2020.12

ISBN 978-7-114-16381-4

Ⅰ. ①可… Ⅱ. ①董… Ⅲ. ①沥青路面—路面材料—特性②沥青路面—路面施工—技术 Ⅳ. ①U416.217

中国版本图书馆 CIP 数据核字(2020)第 094753 号

Kejuanqu Yuzhi Liqing Lumian Cailiao Texing yu Shigong Jishu

书　　名: 可卷曲预制沥青路面材料特性与施工技术
著 作 者: 董元帅
责任编辑: 潘艳霞
责任校对: 孙国靖　龙　雪
责任印制: 刘高彤
出版发行: 人民交通出版社股份有限公司
地　　址: (100011)北京市朝阳区安定门外外馆斜街 3 号
网　　址: http://www.ccpcl.com.cn
销售电话: (010)59757973
总 经 销: 人民交通出版社股份有限公司发行部
经　　销: 各地新华书店
印　　刷: 北京交通印务有限公司
开　　本: 720×960　1/16
印　　张: 11.25
字　　数: 197 千
版　　次: 2020 年 12 月　第 1 版
印　　次: 2020 年 12 月　第 1 次印刷
书　　号: ISBN 978-7-114-16381-4
定　　价: 70.00 元

前言

Foreword

装配式铺面技术目前是国内外研究的热点问题，学者们均在积极探索并尝试工程化应用。装配式水泥混凝土路面技术相对较为成熟，现处于市场应用阶段，而装配式沥青路面技术的研究尚处于摸索阶段，与实现工业化装配还有一定距离。本书着重介绍一种可卷曲预制沥青路面铺装层的研发及工程应用技术方案。该预制铺装层可在工厂中完成预制、卷起成捆并存储，现场铺装时则如铺开地毯一样铺设施工，避免了传统沥青路面施工过程中的热拌、运输、碾压和冷却等，实现了道路施工的标准化及管理的精细化。实施该技术可极大地减少道路施工对交通的干扰，并不受恶劣气候、施工作业面不足等限制。此外，可提前在装配式铺面中精准布设智能传感设备，使路面具有自我感知能力，助力智能铺面技术的发展。

关于可卷曲预制沥青路面技术，国外公开的相关研究成果极少，且从寥寥数篇文献中获知，其混合料非真正意义上的沥青混合料，而国内尚未在此领域开展研究。在无法参考其他经验的情况下，作者通过"第一性原理"，从事物最本源出发寻找突破口，即沥青混合料能被卷曲需满足的力学性能有哪些。本书在验证现有常见的沥青胶结料及级配无法满足沥青混合料可卷曲的性能要求后，研发了可卷曲预制沥青路面专用改性沥青材料、改进了混合料的配比，并研究了沥青胶结料和混合料的力学性能及路用性能。通过有限元模拟，分析了该混合料在卷曲过程中的力学响应，为可卷曲预制沥青路面的工程实践提供理论基础。

新技术的实施离不开专用材料、设备、工艺的有机结合，故本书在编写时侧重对卷曲设备研制和关键施工工艺的研讨，并通过可卷曲预制沥青路面工程应用实例对关键技术、施工流程及性能检测等方面进行详细介绍，为该技术的应用实践提供理论依据及技术支持。

本书所述研究内容大部分为笔者在读博期间开展的，交通运输部公路科学研究院刘清泉研究员，中路高科曹东伟研究员、张艳君博士和张海燕博士，国路高科唐国奇博士以及北京建筑大学季节教授在试验研究和方案实施等方面给予了大量的指导和帮助，故本书许多内容属于科研共同取得的成果，在此表示衷心的感谢。本书的出版得到了公路建设与养护技术、材料及装备交通运输行业研发中心（中国公路工程咨询集团有限公司）主任侯芸博士的关心和大力支持，同时还要感谢同济大学殷巍博士在本书统稿中付出的辛勤劳动。

由于作者理论水平和实践经验有限，难免有缺点和错漏之处，恳请有关专家和读者批评指正。

董元帅

2020 年 3 月

目录

Contents

第1章　绪论

1.1　预制路面技术背景及研发意义

装配式建设施工技术作为建筑业等工程技术转型提升的重要发展方向，是一种可实现建筑产品绿色环保、节约能源、全生命周期综合效益最大化的可持续发展的新型建设生产方式。该技术可以运用科学化管理，标准化设计以及模数化部品部件生产加工，使预制构件具有通用性。因此，国家及各地政府部门正逐年增加对该技术的政策支持力度、完善相关政策，积极推进装配式技术在各工程领域的发展应用。

在关乎国民经济命脉的基础交通领域上，我国正积极顺应基础设施建设工业化、现代化的发展潮流，大力发展装配式建设施工技术在交通建设领域的应用。其中，装配式桥梁以其在桥梁施工过程中对交通延误和环境影响较小为主要优势，逐渐在国内外桥梁工程界中占据了较高的地位。美国在1970年前后率先启动了桥梁快速施工计划地方（Accelerated Bridge Construction，简称ABC计划），利用在工厂预制桥梁结构构件，运至现场进行拼装施工，大大地提高了桥梁工程的建设速度。装配式结构在我国的桥梁工程中的实际应用起步相对较晚，但发展迅速。预制拼装技术是目前提高桥梁建设质量及速度的关键技术之一，大多数中小跨径预应力混凝土桥梁均采用预制拼装的技术来提高成桥质量、优化施工工期，桥梁的装配式施工技术已经成为实现桥梁工程工业化、产业化生产的核心技术之一。

相对于装配式技术在桥梁工程中成熟运用，公路工程中的装配式技术——预制路面技术的发展及应用相对缓慢。我国公路及城市道路多采用水泥路面或沥青路面，二者虽然在设计和施工方面均有较为成熟的理论和经验，但传统的罩面施工及养护维修技术存在时间长、造价高等问题，严重影响道路交通，加重道路的堵塞程度，影响人们的出行及安全。随着经济增长及物质水平的提高，人们对路面提出了更高的要求，除了对路面平整、舒适，满足安全、快速的通行基本要求外路面环保、美观的要求，以及在施工和养护维修过程中可持续发展、可循环利用及环境友好的要求等。因此传统的罩面的施工及养护方式与人们日益增长的交通使用要求有着一定程度的矛盾。预制路面技术便是在这种理念下孕育而生的，装配式建设施工技术与传统路面技术的结合，可以改善传统公路施工技术带来的施工污染、交通不便等诸多问题，是未来公路工程建设领域重点发展方向之一。

预制路面技术作为绿色建筑在道路工程方面的一大应用，有效解决了传统的道路工程在现场施工或养护过程中，对空气、土地等造成不同程度的污染、施工污染废料无法妥善地回收处理等问题。提前在室内预制路面，不仅可以在生产阶段有效控制污染排放，回收污染废料，有效地减少对于环境的影响，不同颜色的预制块料路面更可以和周围的建筑艺术很好地协调与融合，通过不同的搭配来配合体现不同城市特点与风格。

预制路面技术的另一大优势是其可以对路面进行快速的维修养护，节省现场施工时间，在部分施工条件严苛的地区有着传统道路现场施工无法比拟的优势。在极端温度、极端气候条件地区和大型施工设备难以进入现场的地区，传统的道路施工方法难度很大，工程成本增加，而预制路面技术可以有效地解决这些工程难题。除此之外，预制路面材料在工厂内进行流水线生产，可以针对在现场施工过程中可能存在的偷工减料等施工质量问题，在各个生产环节对其进行把控，从而有效地提高道路施工质量。

因此发展预制路面技术，对新的预制路面工艺进行探讨研究，不仅是装配式建设施工技术在公路建设中的重要应用，更是现阶段国家交通发展需要。无论从社会需求还是经济效益上看，该技术有着现阶段及未来明显的优势，德国、美国水泥预制路面技术的成功已彰显了这种工艺的价值。在我国，随着交通建设整体从大面积铺筑公路与城乡道路逐渐转变为公路的修复与市政短小道路的新建与改造，需要传统铺设施工的地方越来越少，对预制路面技术的需求逐年增高，且这种需求随着我国公路道路网逐渐地完善、城市发展逐渐成熟，必然会愈演愈烈。该项技术的应用发展必将对国民交通和城镇建设产生深远影响，在交通建设领域大放异彩。

1.2 预制路面技术出现及发展

1.2.1 预制路面的出现及早期应用

预制水泥混凝土技术的研发和应用是预制路面技术的重要组成部分，最早出现在 20 世纪 30 年代的苏联，60 年代开始正式发展，已有 50 余年的历史。起初,这项技术只是作为一项紧急修补的临时处置方案出现在道路工程中,所以对其使用寿命并没有过多的关注,使用的是未加配筋的素混凝土。直至近二三十年,这项技术逐渐在使用中发展、进步及完善,工厂预制-现场安装工法已经成为土木结构施工技术中的一个重要发展趋势。在路面工程领域,预制路面中应用较多的是砌块路面技术,如采用预制水泥混凝土块、条石、块石和砖等铺设路面。

此外,也有采用预制水泥混凝土板铺设混凝土路面的技术,但在沥青路面的预制—现场安装技术上由于难度大,直到1996年荷兰公共设施和水利工程管理局启动了一项持续至今的Roads to the Future研究计划,其中一部分就是"模块化路面铺装技术"(Modulax Road Surface),在此项目中提出了"预制柔性的可卷放的沥青路面铺装层"理念,为沥青路面施工和罩面修复提供了一种全新的思路,但之后国内外其他相关研究应用相对较少。

早期进行预制水泥混凝土路面研究的国家是苏联,在20世纪30年代,苏联便开始在机场铺设中采用了预制4.1ft❶长、3.9~5.5ft厚的六边形无筋混凝土,这便为预制技术最早的雏形。美国方面起步与苏联相比较晚,1956年在俄亥俄州的试验场处,美国陆军工程师设计了一组预制水泥混凝土板,作为导弹发射的基础,使用的水泥为波特兰水泥,28d强度为40MPa(即5800psi),但这次研究并没有进行实际工程应用。1971年,为了解决现浇水泥混凝土路面封闭交通时间长、固化养护时间长、施工受天气影响等问题,美国密歇根公路委员会提出了预制混凝土路面(Precast Concrete Pavement,PCP)施工过程,并铺设了试验段,之后,在佛罗里达、加州以及纽约等地都陆续采用PCP技术,对现有的混凝土路面进行替换修复,混凝土板的边缘处采用纤维和橡胶沥青或混凝土浆进行填充,面板的强度等指标也均符合道路使用要求,达到了较好的工程效果。

欧洲开展预制拼装路面的研发应用工作是在1947—1958年之间,法国巴黎的奥利机场道面是预制拼装技术在欧洲的第一次应用,并获得了一定的成功,它满足了机场道面对结构强度的需要,但也暴露出预制拼装在早期开发过程中面对的平滑度不足且造价相对较高的问题。在同一时期,英国伦敦也开始了预制拼装道路的开发及应用,在1958年,英国Finningley地区采用砂浆灌缝对预制拼装技术进行了改良。

由此可见,预制路面技术的出现多是一种在公路或机场道面的尝试性的铺筑。在早期发展的过程中,所应用材料是无配筋和简单配比的常规混凝土,这也和早期较低的交通荷载有关,所以可以暂时满足当时的交通量需求,但随着全球

---

❶ 1ft≈0.305m。

各国经济的发展和城市建设需要以及国外车辆运载技术的迅猛发展导致的交通荷载逐年增加,简单的预制技术已经不能满足当时各国的需求。因此在这一时期,预制拼装技术得到了快速的发展,各国均在工程实践和室内试验中逐渐总结出了一套符合自己国情的经验方法,工艺也由早期的尝试性铺筑,逐渐总结提炼成为工程上普遍认可的方式。

1.2.2 国内外研究及应用进展

1)国外研究及应用进展

20 世纪 80 年代,PCP 技术进入迅速发展时期,Michigan 公路协会就通过预制修复技术之后与现浇修复技术的时间和效率的比较,对预制修复技术下路面横向边缘有无传力杆的两种传荷方式进行研究,并进行试验段的铺筑,发现这两种传荷方式下的预制修复技术的效率都优于现场修复浇筑技术,缩短了交通开放时间。该协会同时也给出了 PCP 施工流程,并指出 PCP 技术是一项快速修复技术。佛罗里达交通部和纽约高速公路管理局都对 PCP 技术在已破损道面的应用可行性进行了研究,并通过 PCP 技术对已损坏的带接缝混凝土路面进行替换修复,该应用研究表明,PCP 技术下的面板 3D 抗压强度即可达到 35MPa,除此之外,该项目在预制板边缘处填充纤维和橡胶沥青用以提高其路用性能。

20 世纪 80 年代到 90 年代初期,混凝土预制块相关应用及研究得到一定的发展。相对水泥混凝土预制板路面而言,小尺寸预制块体路面是指由平面尺寸小于 30cm × 30cm 的预制块体铺筑的路面。澳大利亚学者 Shackel. B 等人通过重车模拟试验和少量的集装箱荷载作用下的破坏试验,评价了基层材料类型对混凝土预制块路面使用性能的影响,并通过模拟降雨试验验证了其优良的抗滑性能和铺面透水性;此外,荷兰、日本和新西兰等国的研究者分别通过试验及理论研究推动了联锁块铺面技术的发展。

从 20 世纪 90 年代后期开始,预制路面技术针对道路工程中不同应用领域发展出针对性的应用及适用性研究。纽卡斯尔大学采用三维八节点单元建立有限元模型,对机场预制混凝土路面进行了模拟,证明了预制水泥混凝土板不仅可以具有较长的使用寿命,且可以承载更大的飞机荷载,为预制混凝土板在机场道面长期使用提供理论支持;2000 年,美国建立预制预应力混凝土路面(Precast Prestressed Concrete Pavement,PPCP),2001 年进行了路面性能测试,验证其路面优良的整体性能;2001—2005 年,纽约的 Tappan Zee 收费广场带有接缝的预制混凝土板(Jointed Continuous Project,JCP)项目和 Missouei 建成 PPCP 项目进一步证明,预制技术在不同应用方案下都具有良好的应用前景。

由此可见，这一时期美国的公路建设对预制混凝土板技术的发展起到了积极的推进作用。2007 年，亚利桑那大学和得克萨斯州交通研究所总结了加州、得州等地区交通部的实地施工经验，提出了预制拼装快速修复技术的施工工艺及施工组织，并指出成功采用预制拼装技术的关键在于前期施工工艺设计、交通组织、第一块路面板的放置及放置后面板的处理设备，标志着预制混凝土板路面施工及修复技术已基本成熟并形成体系；2013 年，美国公路战略研究计划第二期（SHRP2）公布了预制水泥路面的设计、预制、安装、质量控制等成套研究成果，如图 1-1 所示。不仅给出了预制水泥混凝土板的选取指南、设计指南以及预制安装指南等相关指标，且涵盖了预制混凝土板的使用决策、设计、安装及修复等技术因素。

图 1-1　预制水泥混凝土路面的安装

纵观这几十年预制路面技术的国外研究及应用发展，主要是以预制水泥混凝土技术的发展为主，其本质是使预制水泥混凝土板的强度、耐久性等路用性能符合经济发展带来的交通需要。美国的公路建设对该领域的发展起到了重要作用，其余国家预制拼装施工大多与美国采用的想法相似。在预制可卷曲沥青铺面技术方面，美国联邦公路局与 AASHTO 协会于 2004 年对 1996 年荷兰提出的可卷曲式预制沥青铺装路面进行进一步的研究，提出了“循环式路面”这一概念，主要针对交通量较大的路段进行旧料移植回收后再预制运输到现场铺装这一过程，但并无相关试验段的实施及铺设。德国于 2005 年将聚氨酯材料进行改性研究，用于对预制可卷曲式路面材料进行优化，以适用于可卷曲路面的使用，但工程实践表明，聚氨酯改性预制沥青路面的老化性能差，磨损消耗快，也未能进行进一步的研究。

2)国内研究及应用进展

受国家发展时期的影响,我国的预制路面技术相对国外起步较晚,在1990年之后才开始应用研究及大规模建设使用,但发展更为迅速,不仅跟上了国际发展的基本步法,也取得了一定的成绩。与国际发展趋势相类似,国内预制路面技术主要也以预制水泥混凝土技术为主,最早开始预制路面技术理论研究的是同济大学孙立军教授,他通过室内外试验及理论研究,建立了联锁块铺面结构受力的基础理论体系,同时提出了预制块路面的结构设计方法。预制技术的后期研究应用发展则主要包括预制材料的尺寸划分、接缝材料研发和受力分析等几个方面。

对于预制材料尺寸划分相关应用研究方面,交通运输部公路科学研究院(2006年)在国道307线石家庄鹿泉段铺设了5.0m×2.0m和2.5m×2.0m两种不同板尺寸的试验段,进而探讨了预制板尺寸应力对预制拼装中地基的要求和吊装问题的影响,研究表明,预制板小尺寸为预制路面相关工程更佳选择;南京理工大学(2015年)采用数值分析方法对该问题进行理论层面的探究,研究发现随着板块尺寸的增大,拉应力迅速增大,随着吊点向板块中间转移,最大横向拉应力出现的位置由板底移动到板顶,由板块跨中移动到接近吊点的位置;石家庄市公路桥梁建设集团(2011年)对预制混凝土板技术在修复领域的应用研究,通过模拟分析发现,板厚对挠度影响有限,但平面尺寸与板厚对面板应力影响显著,且即使预制修复板的厚度小于原路面厚度,预制板也可以有足够的承载能力。

在预制混凝土路面技术接缝相关研究中,1991年洛阳市公路总段发表的文章简单介绍了预制混凝土板接缝的种类、组成、结构及施工方法,同时也给出了延长接缝寿命和减少接缝对公路使用影响的方法,此文章为后期的预制路面接缝相关研究应用工作提供了基础;研究者郑国永(2010年)针对原路面破碎后基层的处理和不同接缝料的接缝效果进行研究,此研究中接缝处采用石子与环氧浆并用弹塑体(TST)作上层填塞,试验表明该接缝方式可以满足力学要求,保证传荷成功,更验证了预制拼装在我国现有条件下的可实施性;有研究者(2011年)对预制技术在路面快速养护中的应用提出了两种接缝处理方法,即集料嵌锁法和企口搭接法,其中企口搭接法具有更好的传荷能力,并且对比了道路现浇快速修复和预制拼装技术的经济、社会效益,发现预制拼装技术比现浇修复更加节约成本,并且更加绿色环保。

重庆交通大学(2011年)针对预制混凝土路面施工过程中的受力问题做了理论分析,通过预制拼装水泥混凝土板三维有限元模型的建立,从多因素的角度对铺设过程及后期开放交通的影响效果进行分析；在此基础上，该校（2012 年）通过室内预制水泥混凝土板的承载板试验，从多角度对其承载力影响因素进行了分析及排序，影响程度从大到小依次为：基层类型、砂浆层厚度、接缝宽度、水泥混凝土板块尺寸；内蒙古科技大学（2016 年）通过数值分析法验证了板块尺寸对板内最大拉应力的显著影响，且验证了不同尺寸企口缝的路面板有着明显不同的传荷能力，并在此基础上提出相关优化方案。

近些年，国内更侧重于将经济效益和社会效益与预制路面技术相结合的发展方向，北京中建建筑科学研究院与中国矿业大学（北京）联合开发研究的建筑工程装配式可重复使用临时道路板专利技术，就是这一发展方向的体现，该技术于 2013 年在建一局集团公司进行亚信联创全球总部研发中心工程临时道路的铺设中得以推广应用，并且取得了显著的经济和社会效益；同年，陕西省西咸新区空港新城管理委员会对市政工程中的预制拼装修复技术及其社会经济效益进行了研究，研究表明，使用设计强度高于原路面强度的预制板，可以更好地满足预制拼装路面的使用要求；上海隧道工程有限公司（2016 年）将可重复使用临时预制道路板在诸光路通道施工便道中进行应用，提高了工程的绿色度和经济效益；中国建筑第二工程局有限公司（2019 年）在天府科创园工程现场采用装配式预制混凝土临时道路，具有板块质量可控、施工周期短、重复利用率高等优点，取得了较好的社会经济效益。

因此，目前我国的预制装配式混凝土路面快速修复技术现已相对成熟，已应用到道路施工修复及市政建设等各个领域，整体发展趋势由单一满足路用性能的板块尺寸和接缝方式的研究应用向将路用性能和提高社会经济效益、降低环境影响相结合的研发方向转变，有效地缩短了交通管制时间，路面的修复速度得到大幅度提高。

在预制沥青路面技术的研发方面，我国处于该技术研究的起步阶段。2011 年我国交通运输部设立以满足我国养护技术发展需要为目标的“沥青路面快速维修技术及装备研发”项目。该项目标志着我国正式开始对预制沥青路面技术进行研究应用，并于 2015 年研制出满足预制沥青路面要求的具有高黏高弹特性的可卷曲沥青混合料，形成了预制生产、铺设施工技术等相关工艺，这为预制沥青技术在我国的发展提供了坚实的理论与实践基础。

综上所述，预制路面技术在国内外的研究应用以及发展主要以预制混凝土技术为主，并已在实际工程实践中得到广泛应用，但预制沥青相关技术相关研究及应用仍比较少，甚至某些领域处于空白状态。因此本书就预制沥青技术的一个重要应用方向——可卷曲预制路面相关性能及技术进行探讨，详细介绍其材料特性与施工技术，为该技术在各领域的应用提供理论指导。

1.3 可卷曲预制路面概念及研发基础

1.3.1 可卷曲预制路面概述

可卷曲预制路面的雏形是由参与荷兰公共设施和水利工程管理局模块化路面铺装技术（1996 年）的 Dura Vermeer-Intron 公司开发的 Rollpave 产品和技术理念，它由室内预制后，卷在特定的卷轴上，然后运输到施工现场进行铺设，如图 1-2所示。2001 年荷兰正式开始对该技术理念进行试验路段的铺筑，如图 1-3 所示，例如 De Brink 附近 A50 公路修筑的试验段，其铺筑厚度为 3cm，该试验段的工程实践表明，预制沥青路面铺装层能快速与基层黏结；另一个预制沥青铺装试验段是在荷兰 Hengelo 附近的 A35 公路。这两个预制沥青铺面试验段的路用性能和耐久性都得到了后续跟踪观测。

图 1-2 Rollpave 产品概念图

图 1-3 荷兰 Rollpave 试验路铺筑

2004 年美国联邦公路局 FHWA 和美国各州公路和运输官员协会（AASHTO）组织有关专家和学者到欧洲考察路面新技术，认为此技术为路面铺装施工和罩面修复提出了一种全新的思路，适用于大交通量公路，尤其是城市道路路面快速修复、道路结构物上的路面铺装、路面损坏后的紧急修复。这种技术可以使路面罩面修复简单、快捷，而且有利于实现“循环式路面”，即路面预制—现场安装—移除回收—检测修复—再使用。路面可以在工厂制作和维修，在现场可快速安装和移除回收。考察团认为，此工法可能成为路面施工技术发展的新方向，值得进一步研究和探索，尤其是在高性能胶结料、路面材料耐久性和接缝联结等方面。

可卷曲预制沥青路面技术一大发展方向即在沥青薄层罩面预养护技术中的应用。在我国大面积路面维修中，薄层罩面是一种传统养护方法，它是在原有路面上加铺一层厚度不超过2.5cm的热拌沥青混合料。目前，我国公路路面和桥面铺装罩面养护方式主要有以下两种：

(1)冷薄层罩面。该技术是将乳化沥青或者改性乳化沥青和砂石材料在常温下拌和均匀、摊铺、压实的一种工艺。冷拌沥青混合料虽然在环保、能耗等方面具备了较强的优势，但是其路用性能与热拌沥青混合料相比品质较差，不能应用于高等级公路，只适合于低交通量的道路上。

(2)热薄层罩面。该技术中主要是热拌密实型沥青混合料(AC)加铺层，沥青马蹄脂碎石混合料(SMA)，多碎石沥青混凝土(SAC)、橡胶沥青混合料罩面等。热拌沥青混合料技术成熟，但在拌和、运输以及摊铺过程中沥青挥发出来的沥青烟直接排放到空气中，对环境和作业人员造成伤害，消耗的能源对日益紧张的能源危机而言是个不能回避的实质性问题，再加上加热过程中温度高所造成的路面使用性能下降，这些问题都需要考虑。

由此可见，两种养护方式下的薄层罩面技术均需现场拌和施工，都具有施工时间长、延迟开放交通等缺点，而可卷曲预制沥青路面技术由于其工厂预制-现场安装的预制施工特点，不仅可以有效缩短路面维修时间、缓解交通拥堵，同时还可以对其回收再生利用，进而实现资源的合理化利用。

除荷兰相关研究外，德国亚琛工业大学道路工程研究所是较早开展柔性地毯式铺装结构研究的科研单位，在柔性路面抗滑能力与力学性能增强、柔性路面降噪及新型复合材料柔性路面等方面取得了较多的成果。

21世纪初期，德国对快速施工与高效养护的材料与工艺进行了系统的研究，而地毯式铺装则是其中最重要的成果之一。地毯式铺装是柔性可卷曲道路面层，工厂预制后吊装运输至施工现场，然后直接在现有的面层上完成铺设。总体而言，柔性沥青混凝土需要在满足沥青混合料各项性能的基础上，同时具备良好的弯曲性能。在德国交通部资助的项目中，德国亚琛工业大学第一次尝试把带有集成功能的传感器植入地毯式铺装材料中，实现了车速、流量、接地压力、温度、湿度、路面雨雪状况等数据的采集，进而为未来人—车—路的交互、交通流的控制和疏导奠定了基础。

B. Steinauer教授在2005年指出，地毯式铺装不应局限于传统材料，而应该更多地考虑人工合成材料的应用，从而形成材料均匀且更适用于工业预制的柔性功能性结构。此外，Oeser教授进一步提出了将柔性地毯式铺装视为基体存在，通过相应的功能扩展，使结构具备能量回收与存储功能。人工合成材料在

2010 年后成为地毯式铺装方面研究的热点。Schacht 和 Renken 等基于聚合物、聚氨酯等的新型地毯式铺装材料进行了系统研究。在德国交通部重点项目“人工合成材料的合成、制备以及使用”资助下,Schacht 开发了使用冷塑料材质制备降噪抗滑型地毯式铺装路面,强化了地毯式铺装降噪方面的性能。通过德国联邦交通部公路研究院的大型滚筒噪声测试机以及现场铺设的路面噪声近场测试系统(CPX)噪声测量车显示,对于小客车和大货车降噪分别可以达到 6db 和 3db。

2015 年起,德国亚琛工业大学 Renken 研究聚合酯材料用于制备地毯式铺装路面。聚氨酯强度和延性介于传统的沥青和水泥之间,可以同时兼顾高温性能和低温性能,因此成为地毯式铺装材料的新选择。聚氨酯铺装材料可以在满足各项力学性能要求的基础上,同时兼备良好的弯曲性能,而且聚氨酯铺装材料常温拌和及摊铺的方式更加环保。特别是其抗紫外老化性质得到了显著提高,实验室测试在 12000h 的紫外线辐射下其性质无明显变化。

德国亚琛工业大学是地毯式功能性路面概念的提出者,在地毯式功能性路面铺装方面的研究已有 11 年的经验积累,对地毯式铺装材料的制备和表征、地毯式铺装材料的功能性及耐久性、利用数字模拟方法分析道路的微观结构力学行为进行了大量研究,掌握了地毯式铺面材料的研发、制备及施工方面的关键技术。获得 1 项德国国家科学基金项目“地毯式铺装基本方法”(Continuously Assembled Rollable Polymer-Embedded Topping for roads,CARPET),3 项德国交通部重点项目。当前研究主要集中在对地毯式铺装预制路面进行模块化生产,并在路面预制件不同层位附加高性能路用传感器、功能材料。进一步为开展具有复合功能性的柔性地毯式路面铺装材料的研发奠定了坚实的基础。

综上所述,地毯式铺装已经成为最具应用前景的道路新材料之一。进一步优化地毯式铺装材料与结构的力学及功能性能,对推动未来智慧路面的研究具有重要意义。

1.3.2 可卷曲预制路面的研发基础

1)改性技术对沥青材料的优化作用

沥青胶结料性能是可卷曲预制路面技术的关键因素。可卷曲预制路面技术对沥青材料性能有着更高的要求,以此满足预制沥青混合料可卷曲能力的需要。常用的普通沥青材料往往不能满足该技术的高性能要求,但沥青的改性技术可以从多角度提高沥青胶结料的路用性能,且这一技术在目前阶段已形成相当成熟的体系,改性沥青材料在国内外各高低等级的路面铺筑中得到广泛的应用。

改性沥青大多是指聚合物改性沥青,简称 PMA 或 PMB。早在 1873 年 Samue White 就发明了天然橡胶对沥青改性的专利,法国在 1902 年就用改性沥青铺筑了道路。从此以后,铺路技术人员一直试图在沥青中加入各种添加剂或改性剂,改善沥青某一特性。特别是近几年来,世界范围内改性沥青的研究、生产和应用达到了前所未有的高潮。目前常用的改性沥青主要有以下几类:

(1)以聚乙烯(PE)为代表的热塑性树脂类,包括聚丙烯(PP)和乙烯-醋酸乙烯共聚物(EVA)等,其对沥青的高温性能有较大的改善,改性后沥青的软化点大幅度上升,但沥青的低温延度不高。十几年前是沥青改性的主要添加剂,目前使用量有逐年下降的趋势。

(2)以丁苯胶乳(SBR)为代表的天然合成橡胶类,此类改性剂使沥青的低温性能得到明显改善,低温弹性大,但抗老化能力较差,改性后沥青在薄膜烘箱试验后延度下降幅度较大。

(3)以苯乙烯-丁二烯-苯乙烯三嵌段共聚物(SBS)为代表的热塑性弹性体,包括氢化苯乙烯-丁二烯-苯乙烯嵌段共聚物(SEBS)和苯乙烯-异戊二烯-苯乙烯嵌段共聚物(SIS)。这类聚合物对沥青的高、低温性能均有较大程度的提高,改性后沥青的高、低温性能优良,弹性恢复好,抗老化能力和耐候性增强,改性沥青混合料抗车辙能力和抗磨损能力得到明显改善,是目前使用最广泛的一类沥青改性剂。

聚合物改性沥青的具体种类如表 1-1 所示。

聚合物改性沥青的种类 表 1-1

热塑性弹性体(TPE)	聚烯烃
苯乙烯-丁二烯-苯乙烯三嵌段共聚物(SBS)	非晶态 α-烯烃共聚物(APAO)
苯乙烯-异戊二烯-苯乙烯三嵌段共聚物(SIS)	无规聚丙烯(APP)
苯乙烯-(乙烯-丁烯)-苯乙烯三嵌段共聚物(SEBS) 苯乙烯-(乙烯-丙烯)-苯乙烯三嵌段共聚物(SEPS)	聚乙烯(PE)
热塑性树脂(TPR)	弹性体或橡胶
乙烯-醋酸乙烯共聚物(EVA)	异丁烯/异戊二烯橡胶(丁基橡胶)(IIR)
乙烯-丙烯酸乙酯共聚物(EEA)	氯丁二烯橡胶(CR)
乙烯-丙烯共聚物(EPM)	天然橡胶(NR)
聚氨酯(PU)	苯乙烯/丁二烯橡胶(丁苯橡胶)(SBR)

改性沥青制备需要合理采用加工工艺,以使聚合物在沥青中尽可能分散开。在制备过程中需要控制温度,既能使聚合物熔融,又不致使聚合物和沥青老化。

剪切转速高时,可以适当减少剪切时间,转速低时适当延长剪切时间,以保证获得足够小的聚合物颗粒。常见的剪切工艺为:强剪切法、直接添加法和母体法。

聚合物和沥青的相互作用是复杂的物理化学过程。研究表明,聚合物应吸收沥青中的油分,体积胀大到原体积的5~10倍。溶胀是聚合物发挥改性作用的关键,研究表明溶胀作用可以改善改性沥青的拉伸应力—应变关系以及抗车辙性能。溶胀和沥青的某些成分有密切关系,研究认为选择饱和分和芳香分含量较高的沥青或标号较高的沥青有利于聚合物充分溶胀。

研究表明,聚合物和沥青的相容性对改性沥青性能的影响极大。相容性较好时对改性沥青的高低温性能均有利,提高改性沥青的高温弹性模量,降低改性沥青的低温弹性模量。

沥青组成对聚合物与沥青二者之间的相容性的影响很大。研究提出使相容性最佳的沥青成分为:饱和油分为8%~12%、芳香油分及胶质为85%~89%、沥青质为1%~5%,其中沥青质的含量越高,SBS改性沥青的储存越不稳定,饱和分对聚合物只起溶胀作用,芳香分和胶质真正能够改善胶结料的性质,但是其饱和分、芳香分和胶质要有合适的配比。

聚合物的分子量范围处在合适的范围内有利于聚合物与沥青的相容,太高或者太低都是不利的。两者共混时,沥青中的软沥青质进入PB链段,对PS区域仅稍有溶胀。SBS的上浮与沥青质的下沉是造成聚合物改性沥青高温储存不稳定的原因,采用IR、DMA的测试方法才能真正鉴别聚合物与沥青的分离情况。

添加剂也是提高聚合物和沥青相容性的有效手段。添加剂类别较多,有一类添加剂通过促进聚合物溶胀来提高相容性,比如,SBS改性沥青使用的基质沥青如果芳香分含量较低,可以加入一些糠醛抽出油进行改善。另外,在聚合物和沥青之间建立化学交联,或者在聚合物上接枝或共聚官能团也是提高相容性的常见方法。

2)沥青材料的流变特性

流变学理论是由英国宾汉姆(E. C. Binham)教授创立,其定义为材料在力的作用下流动和变形随时间变化与发展的规律,可以从性能本质解释不同情况下沥青及改性沥青材料的黏弹性性能。虎克弹性定律和牛顿黏性定律是研究沥青材料流变特性的两大基础。基于沥青材料的流变特性,可以对以下几个方面进行研究:

(1)通过对沥青及改性沥青材料的低温到高温全温度区域进行常规(或非常规)指标的测定,评价沥青材料温度敏感性。

(2)通过对不同加载速率、不同荷载作用时间的影响分析,评价沥青的承载能力。

(3)对沥青材料变形累积和叠加能力的评价,即材料重复荷载作用下的流变特性。

(4)对沥青材料在气候变化、温度收缩作用下的变形特性进行评价。

(5)沥青材料在各种老化过程的变形特性评价。

沥青材料作为一种具有流变特性的典型材料,通常情况下主要表现为黏弹性特性,这也是其可以作为可卷曲材料的性能基础。沥青材料的流变特性受温度和荷载作用的影响,在不同温度和荷载作用时间时呈现不同的状态。在低温或短期荷载作用时更趋近于弹性体,在温度逐渐的升高过程中或长时间荷载作用时,沥青材料逐渐趋近于黏弹性体。将高分子流变领域内所采用的黏弹性测定方法、解析法理论及分析技术应用于改性沥青材料的研究,对其流变学特性进行定量化分析,可以为可卷曲预制沥青路面材提供必要的力学基础,对兼顾变形能力和承载能力的可卷曲预制路面材料的优化选择提供理论依据。

因此,通过采用流变学测试方法对材料性能和结构进行研究、开发新材料以及对材料性能进行评估有着其他方法无法比拟的优势,例如对黏度、剪切模量、屈服应力、弹性和柔量等指标的测定,都可以达到良好的效果。美国在沥青流变性能研究方面起步较早,常使用频率扫描技术、应变扫描、重复蠕变试验、时间扫描技术、静态蠕变试验和直接拉伸试验等来研究沥青的流变性能。

对于美国 SHRP 沥青性能规范中采用复数劲度模量和相位角来评价沥青的高温性能,一些学者研究认为,车辙因子忽略了沥青材料流变行为中的可恢复变形的部分,只反映其中的弹性和黏性部分,是无法准确反映改性沥青高温流变性能的。现行 Superpave 胶结料分级标准,对 SBS 改性沥青的分级较为合适,而对温拌改性沥青和岩沥青改性沥青可能过于苛刻。针对上述情况,美国 NCHRP 459 报告中利用 DSR,采用 25 ~ 300Pa 的应力水平,加载和卸载比为 1∶9 的方法对沥青进行多重蠕变试验,并按照 Burger 或四因素模型计算获取沥青的蠕变劲度。后来美国在 NCHRP9-10 项目中建立了多应力蠕变恢复试验(MSCR)方法。该试验对老化前后的沥青进行多应力重复蠕变试验,通过施加 100Pa 和 3200Pa 两个应力水平,每个水平下分别作用 1s 蠕变和 9s 回复过程,最终计算每个应力水平下的累积应变和变形恢复率以及不可恢复柔量。长安大学学者对多应力蠕变恢复试验进行了验证和分析,认为重复蠕变试验用于评价改性沥青和基质沥青时具有较高的准确性。

针对抗车辙因子 $G^*/\sin\delta$ 无法准确反映改性沥青高温流变性能这一问题,

欧洲研究人员已提议采用零剪切黏度(ZSV)进行沥青的高温评价。美国联邦公路局研究人员也利用ZSV黏度作为沥青高温性能指标,并推出利用动态剪切流变仪进行频率扫描的测试方法。ZSV黏度的测量和计算方法太多,黏度值计算差异显著。改性沥青的Carreau模型得到的ZSV与Burgers模型对恢复阶段的拟合结果较接近,而Cross的拟合结果与其他方法得到的相差了2~3个数量级。部分学者认为,零剪切黏度的条件性与沥青路用条件也有差异,并不能代表沥青真实的受力状态,该指标与沥青路面性能之间的对应关系还需进一步研究。因此美国NCHRP 459报告中提出利用沥青的低频剪切黏度(LSV)替代零剪切黏度,按照Cross-Williams模型进行0.01s^{-1}频率下的插值预估,在后期改性沥青施工温度研究方面,根据旋转压实仪的频率要求进行了高频剪切黏度(6.8s^{-1})的研究。

屈服应力为引起材料流动的最小剪切应力,将屈服应力作为评价沥青材料抗变形(不可恢复塑性变形)能力的一种表征。当一种材料受到的力小于屈服应力时,材料不会发生持久地塑性形变,或只是发生缓慢的蠕变行为。研究人员对三种基质沥青的屈服应力进行了研究,认为不同沥青具有不同的屈服应力,屈服应力与沥青混合料的劈裂强度有着较高的关联性。

沥青PG性能中利用小梁弯曲流变仪BBR来评价沥青的低温性能,其价指标为劲度模量S及蠕变速率m值。有研究者认为BBR指标比常规指标能够更好地反映沥青的低温性能。但也有研究表明BBR试验低估了SBS改性沥青的低温抗裂能力,很多PG试验发现不管SBS剂量如何,其低温等级相对基质沥青无明显改善。

第2章　沥青混合料可卷曲能力研究及评价

2.1　沥青混合料弯曲性能评价指标的确定

2.1.1　小梁弯曲试验

具有大交通量的城市道路、高等级公路、桥梁结构物上的路面铺装、路面损坏后紧急修复能力是可卷曲预制沥青路面的研发目标之一。因此,该沥青混合料的性能指标需满足《公路沥青路面施工技术规范》(JTG F40—2004)要求,同时其弯曲性能应具备更高的要求。

该路面的特点为预制柔性的可卷放的沥青路面铺装层在预制卷曲成卷的过程中,根据小节2.2.1卷曲弹性力学模型可知,路面的下表面主要承受弯拉应力,上表面主要承受压缩应力,如图2-1所示。为保证混合料在卷曲时不产生裂纹(或不产生影响其强度的裂纹),在混合料设计时应着重考察混合料的弯曲性能。

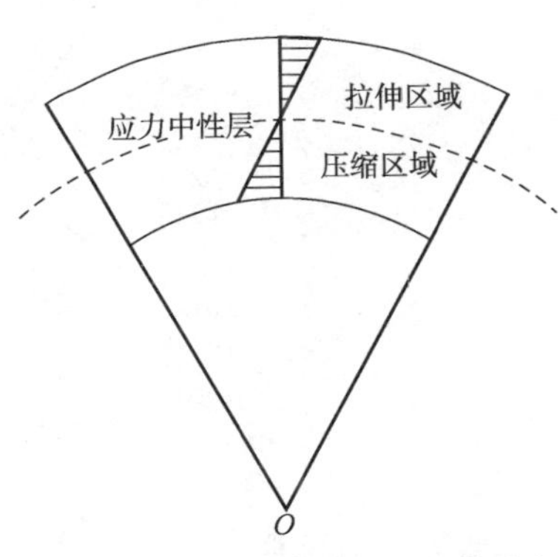

图2-1　可卷曲预制沥青路面卷曲受力示意图

假设可卷曲预制沥青路面为各向同性均质弹性体,在不考虑重力作用的影响下,面层底部弯拉应变近似计算步骤如下:

$$L=\alpha\cdot R \tag{2-1}$$

$$\varepsilon=\frac{L_x-L_z}{L_z}=\frac{\alpha\cdot(R+h)-\alpha\cdot\left(R+\frac{h}{2}\right)}{\alpha\cdot\left(R+\frac{h}{2}\right)}=\frac{\frac{h}{2}}{R+\frac{h}{2}} \tag{2-2}$$

式中:L_x、L_z——弯曲后面层下表面和中性面的弧长;

R——卷筒半径(mm);

h——面层厚度(mm);

α——圆心角弧度。

由于沥青混合料进行小梁弯曲试验时与卷曲成卷时受力比较接近,因此,采用该试验来评价沥青混合料的弯曲性能。沥青混凝土梁在进行三点弯曲试验时，试件底面中点处的弯拉应变为：

$$\varepsilon_{\mathrm{B}} = \frac{6hd}{L^2} \tag{2-3}$$

式中：L——试件的跨径(mm)；

h——跨中断面试件的宽度(mm)；

d——跨中挠度(mm)。

将式(2-2)、式(2-3)联立便可以推导出小梁弯曲试验时相应跨中挠度的临界值。在弯曲试验中，小梁破坏时的跨中挠度大于该临界值时，可认为预制沥青混合料在卷曲时不产生影响其强度的裂纹。根据式(2-2)计算不同卷筒尺寸、不同路面厚度的预制沥青路面卷曲成卷时，层底所受弯拉应变的弹性解 ε 及对应的跨中挠度 d，计算结果如图 2-2 所示。

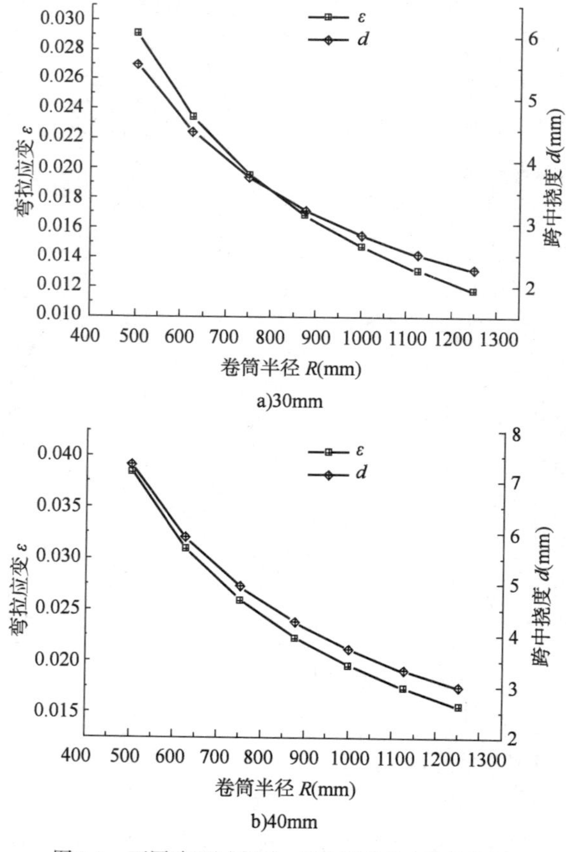

图 2-2 不同路面厚度下 ε 和 d 随半径变化趋势图

由图 2-2 可以看出，卷曲预制沥青路面时，层底弯拉应变和跨中挠度临界值随着卷筒半径的增加而减少，且减少的幅度也随着卷筒半径的增加而减少。以面层厚度为 4cm 为例，半径从 0.50m 增加到 1.25m 时，层底弯拉应变从 0.0384 降至 0.0157，跨中挠度临界值从 7.32 mm 下降到 2.99mm；当预制沥青路面厚度增加时，层底弯拉应变和跨中挠度临界值均随之增加，如面层厚度从 3cm 增加到 4cm，各个半径对应下的临界跨中挠度值平均增幅为 32.5%。

2.1.2　弯曲性能的离散性

由于沥青混合料是由沥青、集料及填料等多个部分组成，并由多道施工工序制造，因而存在着施工变异性，即便是室内成型的同一组试件，其力学性能也存在离散性。表 2-1 为选取不同沥青结合料、不同最大公称粒径的沥青混合料弯曲试验破坏时的跨中挠度测试值，从表 2-1 中可以看出，测试数据存在着一定的离散性，室内成型的三组沥青混合料的弯曲性能变异系数为 0.08 ~0.13，由此可以推断在施工过程中，该变形系数值将会更大。

不同批次沥青混合料弯曲试验挠度测试值　　表 2-1

批次	试件 1（mm）	试件 2（mm）	试件 3（mm）	试件 4（mm）	试件 5（mm）	试件 6（mm）	平均值（mm）	方差	变异系数
1	0.712	0.918	0.691	0.709	0.759	0.760	0.758	0.083	0.109
2	1.010	1.008	1.015	0.848	—	—	0.970	0.082	0.084
3	0.306	0.234	0.308	0.229	0.287	0.260	0.271	0.035	0.129

可靠性是指产品在给定的条件下和规定的时间内完成规定功能的能力，而可靠度则是在给定的条件下和规定的时间内达到预期功能的概率。自 20 世纪 80 年代以来，世界各国对于沥青路面结构的可靠度设计方法已经进行了深入的研究。我国路面设计规范引用了可靠度设计的思想，在《公路沥青路面设计规范》(JTG D50—2017)中主要以路面结构可靠度的形式来体现，即对于正常设计、施工和使用的路面结构，在路面达到规定的设计累计标准轴载作用次数的时间内，表面最大弯沉和层底最大弯拉应力分别不超过其容许值。然而该规范没有从设计参数变异性(如材料变异性)的角度入手，对输入变量加以方差等数学描述。

本书借鉴《公路水泥混凝土路面设计规范》(JTG D41—2011)中材料性能变异性的处理方法，根据目标可靠度和变异水平等级来确定可靠度系数，如表 2-2 所示。

可靠度系数　　表 2-2

变异水平等级	目标可靠度(%)			
	95	90	85	80
低	1.20 ~ 1.33	1.09 ~ 1.16	1.04 ~ 1.08	—
中	1.33 ~ 1.50	1.16 ~ 1.23	1.08 ~ 1.13	1.04 ~ 1.07
高	—	1.23 ~ 1.33	1.13 ~ 1.18	1.07 ~ 1.11

可卷曲预制沥青路面将用于大交通量的城市道路、高等级公路、桥梁结构物上，其目标可靠度为 90% ~95%；该路面施工采用工厂化施工，施工质量可以得到相应的保障，同时结合室内试验数据的变异性结果，认为总体的变异水平等级为"低"。综上，可卷曲沥青混合料的可靠度系数为 1.20。

2.1.3　弯曲性能指标初定

结合 2.1.1 与 2.1.2 中的计算结果和可靠度系数，可以得出基于材料弹性模型的可卷曲预制沥青混合料弯曲应变技术指标，如表 2-3 所示。与之相对应的弯曲试验破坏时的跨中挠度临界值列于表 2-4。

可卷曲沥青混合料弯曲应变技术要求　　表 2-3

路面厚度(mm)	不同卷筒半径(mm)的最小弯曲应变(με)技术要求						
	500	625	750	875	1000	1125	1250
30	35000	28500	24000	20500	18000	16000	14500
40	46500	37500	31500	27000	24000	21000	19000
50	57500	46500	39000	33500	29500	26500	24000

可卷曲沥青混合料弯曲试验破坏时跨中挠度临界值　　表 2-4

路面厚度(mm)	不同卷筒半径(mm)对应破坏时最小跨中挠度(mm)						
	500	625	750	875	1000	1125	1250
30	6.7	5.4	4.5	3.9	3.4	3.1	2.8
40	8.8	7.1	6.0	5.2	4.5	4.0	3.6
50	10.9	8.8	7.4	6.4	5.6	5.0	4.5

2.2　常用沥青混合料可弯曲能力的测试与评价

2.2.1　试验材料及条件

沥青混合料是黏弹性材料，其应力—应变关系受试验条件（测试温度和加载速率）的影响较大，同种沥青混合料在不同的试验条件下，所表现的弯曲性能差异较大。为探索不同的试验条件对混合料弯曲性能的影响，对 CQ-10 型沥青混合料（7% 油石比）进行不同测试温度和加载速率下的三点弯曲试验。

试验条件为 10mm/min、20mm/min、50mm/min 的加载速率和 10℃、30℃ 的测试温度，所用沥青为中海油秦皇岛 SBS 改性沥青（I-D 类），测试结果和技术指标如表 2-5 所示。

秦皇岛 SBS 改性沥青技术指标测试　　表 2-5

指　标	单　位	测 试 值	技 术 要 求	试 验 方 法
针入度 25℃，100g，5s	0.1mm	50	40 ～ 60	T 0604
针入度指数	—	0.274	≥0	T 0604
延度 5℃，5cm/min	cm	23.8	≥20	T 0605
软化点 $T_{R\&B}$	℃	60.2	≥60	T 0606
运动黏度 135℃	Pa · s	1.22	≤3	T 0625
闪点	℃	302	≥230	T 0611
TFOT 后残留物				
质量变化	%	0.105	≤1	T 0610
针入度比 25℃	%	68	≥65	T 0604
延度 5℃	cm	34	≥15	T 0605

由图 2-3a）中可以看出，在室温条件下，随着加载速率的降低，沥青混合料小梁在弯曲过程中所能承受的最大力逐渐减小，最大力所对应的跨中挠度不断增加。当加载速率从 50mm/min 降到 20mm/min 时，混合料所表现的弯曲性能变化明显，而当加载速率从 20mm/min 降到 10mm/min 时，混合料破坏时所受最大荷载变化并不明显，对应的跨中挠度持续增加；而当加载速率过快时，混合料尚未充分表现出其黏弹特性便开始发生破坏，同时，若加载速率过慢，在测试过

程中混合料的温度会受室温影响升高或降低，严重影响测试结果的精度。以表2-4中半径750mm对应的40mm面层厚度的临界挠度值6mm为例，在上述时间内达到临界挠度值，三点弯曲试验的加载速率应小于24mm/min。综合考虑，本书研究采用加载速率为20mm/min进行后续研究。

从图2-3b)可以看出，沥青混合料在不同温度下表现出截然不同的弯曲能力。温度较低时，沥青混合料变硬、变脆，其弯曲模量增大，挠度较小，可以承受更大的破坏应力；而在温度较高时，表现出与之相反的趋势。考虑到预制沥青混合料可在较低温度下（10℃以下）成型、施工，仓储时可能出现更低的温度，综合考虑，本书采用10℃作为进行后续研究的测试温度。

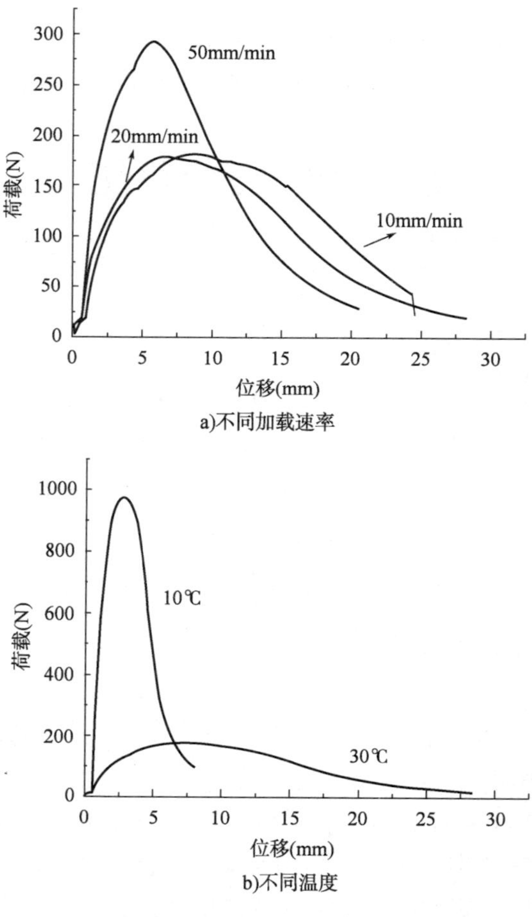

图2-3 沥青混合料的弯曲性能

2.2.2　弯曲性能测试及评价

对最佳油石比下的常见级配沥青混合料进行弯曲性能测试，其中级配方案有AC-13、AC-10、SMA-10、SAC-10、PAC-10、HRA-10等。所用沥青为表2-5中的中海油秦皇岛SBS改性沥青(I-D类)。试验温度采用10℃，加载速率为20mm/min，采用中点加载的方式测定混合料的应力—应变关系曲线。

$$R_B = \frac{3LP}{2bh^2} \tag{2-4}$$

$$S_B = \frac{R_B}{\varepsilon_B} \tag{2-5}$$

式中：R_B——试件底面中点处的弯拉应力(MPa)；

ε_B——试件底面中点处的弯拉应变；

S_B——试件破坏时的弯曲劲度模量(MPa)；

L——试件的跨径(mm)；

b——跨中断面试件的宽度(mm)；

h——跨中断面试件的高度(mm)；

P——试件过程中施加的荷载(N)。

表2-6列出了常见沥青混合料级配及沥青用量。根据公式计算试件破坏时的弯拉强度、破坏时的梁底最大弯拉应变及破坏时的弯曲劲度模量。

常见沥青混合料级配及沥青用量　　表2-6

级配编号	油石比	13.2	9.5	4.75	2.36	1.18	0.6	0.3	0.15	0.075
HRA-10	6.3 %	100	95	57	43	36	29	25.5	18.5	8
SAL-10	6.8 %	100	100	76	68	50	38	25	15	10
AC-10	5.3 %	100	95	60	44	32	22.5	16	11	6
CQ-10	5.2 %	100	93	47	30	15	12	9	6	2
SAC-10	5.4 %	100	97.5	30	24	19	16	13	10	8
SMA-10	6.4 %	100	95	44	26	20	17	14	12.5	10.5
PAC-10	5.2 %	100	95	60	16	12	9.5	7.5	5.5	4
AC-5	6.4 %	100	100	50	39	27	19	12	10	8
AC-13	6.6 %	90	63	45	45	34	28	21	16	8

测试结果及数据处理见表2-7。

常见沥青混合料弯曲性能测试结果　　表 2-7

试　件	最大力(N)	挠度(mm)	弯拉强度(MPa)	弯拉应变	弯曲模量(MPa)
HRA-10	835.42	2.74	6.72	0.0143	468.80
SAL-10	917.83	2.69	7.62	0.0138	550.81
AC-10	957.72	1.45	7.89	0.0075	1048.51
CQ-10	680.50	3.73	5.36	0.0196	274.62
SAC-10	931.89	1.42	7.48	0.0075	1011.15
SMA-10	991.22	1.73	7.87	0.0091	861.64
PAC-10	566.72	1.68	4.37	0.0090	495.34
AC-5	1124.22	1.61	9.20	0.0084	1099.97
AC-13	1085.25	1.85	8.86	0.0097	1885

由表 2-7 可知,10℃下 9 组级配沥青混合料在弯曲能力相差较大,总体趋势为,连续密实型(HRA-10、SAL-10)与骨架密实型混合料(CQ-10)比骨架空隙型混合料(SAC-10、PAC-10)的变形能力好。

以跨中最大竖向挠度为评价指标进行分级,分级结果如表 2-8 所示,弯曲性能如图 2-4 所示。

不同沥青混合料 10℃跨中竖向挠度分级　　表 2-8

等级及标准	沥青用量	级配类型	测试结果
Ⅰ(>3.5mm)	5.2 %	CQ-10	3.73
Ⅱ(2.5 ~3.5mm)	6.3 %	HRA-10	2.74
	6.8 %	SAL-10	2.69
Ⅲ(1.5 ~2.5mm)	6.6 %	AC-13	1.85
	6.4 %	SMA-10	1.73
	5.2 %	PAC-10	1.68
	6.4 %	AC-5	1.61
Ⅳ(<1.5mm)	5.3 %	AC-10	1.45
	5.4 %	SAC-10	1.42

如表 2-8 及图 2-4 所示,9 组沥青混合料分为四个等级,其中处于等级Ⅰ的 CQ-10 的跨中竖向挠度为等级Ⅳ中 SAC-10 的 2.63 倍。尽管处于等级Ⅰ和Ⅱ的 HRA-10、SAL-10 与 CQ-10 相对于其他级配所表现的变形能力较好,但使用 SBS 改性沥青的混合料依然无法满足卷曲在 1.5 ~2m 直径圆筒上的变形要求。

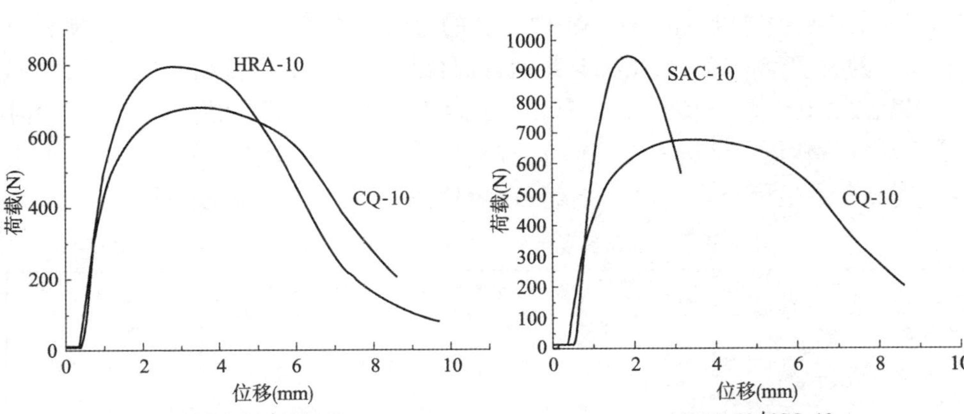

a)HRA-10与CQ-10　　b)SAC-10与CQ-10

图 2-4 混合料弯曲性能对比图

2.3 常用技术手段对提高沥青混合料弯曲性能的作用效果分析

2.3.1 沥青胶结料种类及掺量的作用效果

沥青结合料是沥青混合料的重要组成部分,其性能直接影响着沥青混合料的黏弹特性。已有研究表明,沥青结合料对混合料的低温抗裂性能的贡献率为87%,但对其常温抗弯曲开裂性能的研究相对较少。

选用茂名基质沥青、秦皇岛 SBS 改性沥青、HVA 高黏沥青、橡胶沥青以及弯曲性能较好的级配 CQ-10,在油石比为 6% 的条件下进行拌和、成型并制成小梁试件。试验温度采用 10℃,加载速率为 20mm/min。测试结果见表 2-9。

不同沥青及沥青混合料性能测试结果　　表 2-9

沥青类型	沥青三大指标测试			沥青混合料弯曲性能测试	
	25℃针入度(0.1mm)	软化点(℃)	5℃延度(cm)	最大力(N)	挠度(mm)
70 号基质沥青	71	54.3	5.2	758.9	3.53
SBS 改性沥青	53	60.2	23.8	795.2	3.77
HVA 高黏沥青	35	91.5	24.5	927.4	2.28
橡胶沥青 1	46	62.5	16.0	638.5	2.72
橡胶沥青 2	61	56.7	14.4	566.4	2.93

从表 2-9 中可以看出,这 5 种混合料的弯曲能力均无法满足可卷曲预制沥青路面的要求。将其三大指标与其沥青混合料弯曲性能进行相关性分析,计算结果如表 2-10、表 2-11 所示,从中可以更为清晰地看出,沥青混合料弯曲试验时所受荷载与软化点呈正相关;沥青混合料弯曲试验的跨中挠度与针入度呈正相关、与软化点呈负相关,但上述各组数据间的相关关系均为中度相关。

沥青三大指标与其混合料弯曲试验破坏荷载相关性指标 表 2-10

指　　标	最大力(N)	25℃针入度(0.1mm)	软化点(℃)	5℃延度(cm)
最大力(N)	1	—	—	—
25℃针入度(0.1mm)	-0.479	1	—	—
软化点(℃)	0.729	0.861	1	—
5℃延度(cm)	0.475	0.829	0.663	1

沥青三大指标与其混合料弯曲试验中挠度相关性指标 表 2-11

指　　标	最大力(N)	25℃针入度(0.1mm)	软化点(℃)	5℃延度(cm)
最大力(N)	1	—	—	—
25℃针入度(0.1mm)	0.715	1	—	—
软化点(℃)	-0.742	-0.861	1	—
5℃延度(cm)	-0.309	-0.829	0.663	1

沥青用量的增加会提高沥青混合料的弯曲变形能力,但会损害其高温性能,对表 2-9 中跨中挠度值最高的 SBS 改性沥青混合料进行 6%、7% 和 8% 三种油石比下的小梁弯曲性能试验和车辙试验,试验测试结果如图 2-5 所示。从图 2-5 中可以看出,随着油石比的增加,SBS 改性沥青混合料的跨中挠度增长的幅度较小,而动稳定度衰减的较为迅速,因而单纯采用增加 SBS 改性沥青用量的方法来提升其混合料的弯曲性能的思路不具有可行性。

2.3.2　纤维的掺入效果

已有研究表明,沥青混合料在荷载作用下,其内部存在的缺陷或裂纹处会产生应力集中,并随着外力的不断施加,裂纹会沿着裂缝尖端的方向进一步扩展。由于纤维具有较高的抗拉强度,且直径小、数量多,均匀分散后在沥青混合料中可以形成三维网状结构,阻碍了裂纹的扩展。即使对于已出现裂纹的沥青混合料,纤维的桥接作用仍可使其继续承受外力作用。故纤维不仅可提高沥青混合料的强度,还可增加混合料的变形能力。

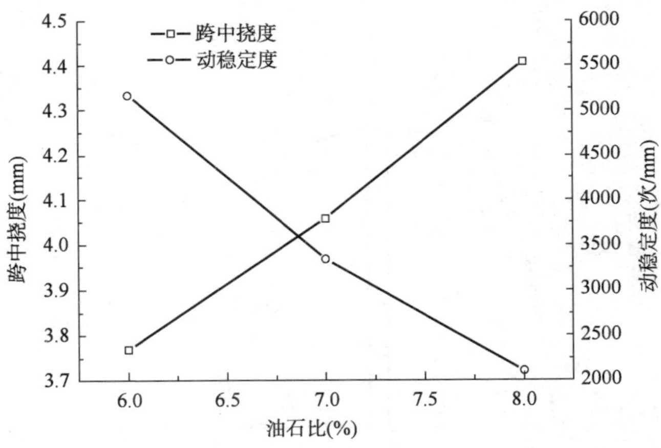

图 2-5　SBS 改性沥青混合料跨中挠度和动稳定度

首先选择质量比为0.3%的聚酯纤维分别添加到HRA-10、SAL-10两种级配沥青混合料中，其中胶结材料为2.3.1节中的高黏沥青。测试结果如图2-6所示，可见掺入纤维后，沥青混合料所能承受的最大荷载有所增加，但破坏时对应的跨中挠度却相应地降低了。

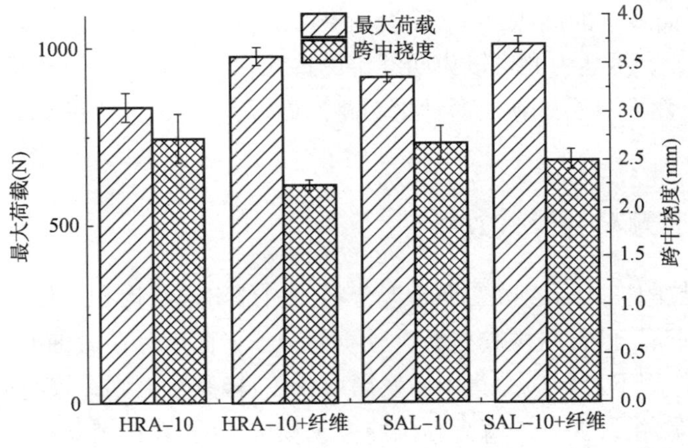

图 2-6　纤维的掺入对沥青混合料最大荷载和跨中挠度的影响

从试验结果(图2-6)来看，10℃下纤维的掺入并未提高两种混合料的变形能力，造成这一结果的原因是纤维的加入有可能会吸收一部分沥青，导致存在剩余沥青较少，不足以形成结构沥青的薄膜来黏结矿料颗粒。因此，本书研究借鉴应力吸收层的用油量范围，将混合料的油石比提高至8%，相应纤维混合料的油石比再增加0.5%，选择SAL-10型级配进行进一步测试，结果如图2-7所示。

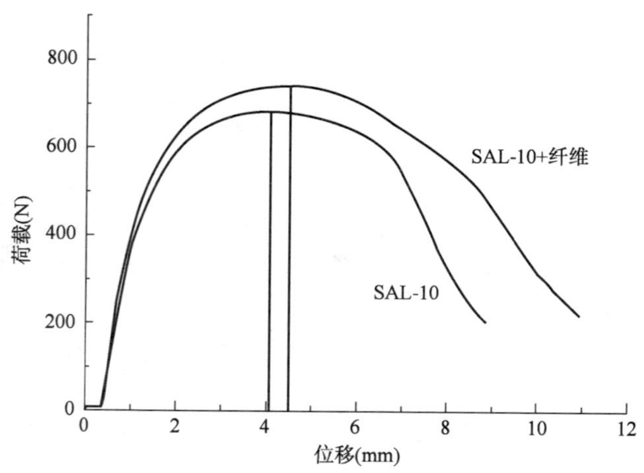

图 2-7　掺加纤维前后荷载-位移曲线对比图

从图 2-7 可以看出,当油石比提高后,聚酯纤维的掺入增强了 SAL-10 的变形能力,弯拉强度和弯拉应变均有所提高。近年来有学者提出用临界应变能密度这一综合指标来反映沥青混合料的变形特性,该指标为断裂时实际单轴应力-应变关系曲线下的面积,可见添加了聚酯纤维后,沥青混合料的临界应变能密度明显增加。虽然由此可以说明纤维的掺入在一定程度上改善了沥青混合料的弯曲性能,然而对于可卷曲沥青预制路面而言,其卷曲能力的提高仍不能满足其材料需要。

2.3.3　橡胶颗粒的掺入效果

橡胶颗粒的掺入可以改变沥青混合料的内部组成结构和材料接触状态。橡胶颗粒与沥青混合后,在橡胶与沥青胶质的分子界面上存在微细的空穴,这些空穴在应力的作用下会因应力集中而发展成银纹,橡胶颗粒则是银纹的中心,它跨越银纹的两端,银纹要发展就必须拉伸橡胶颗粒,橡胶颗粒因此消耗和吸收大量的能量。由于橡胶颗粒的低模量、高变形性能,使其具有较强的诱发和终止银纹的能力,所以橡胶的掺入可以有效提高沥青混合料的低温抗裂能力。

为探究橡胶颗粒的掺入对沥青混合料弯曲变形的影响,选择 AC-13 级配方案,分别成型两组油石比为 6.6% 下的沥青混合料试件,其中,一组添加了 4% 的橡胶颗粒(最大粒径 3mm),另一组则为无添加的对照组。测试结果如表 2-12 和图 2-8 所示。

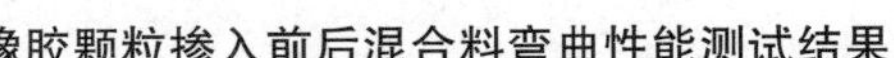
橡胶颗粒掺入前后混合料弯曲性能测试结果　　表 2-12

试　　件	最大力(N)	挠度(mm)	弯拉强度(MPa)	弯拉应变	弯曲模量(MPa)
未掺入橡胶颗粒	1085.3	1.85	8.86	0.0097	913.40
掺入橡胶颗粒	965.8	2.06	7.90	0.0108	769.67

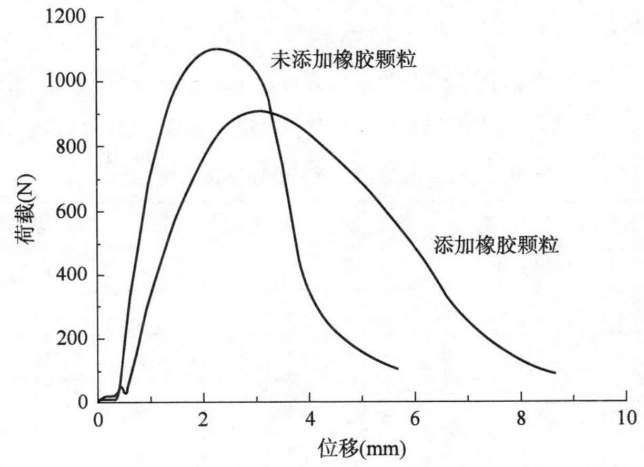

图 2-8　掺加橡胶、颗粒前后 AC-13 弯曲试验的荷载-位移曲线

由表 2-12 及图 2-8 可以看出，由于橡胶颗粒具有柔性和弹性，且强度远小于石料，导致橡胶颗粒沥青混合料的抗弯拉强度和破坏劲度模量降低。掺入橡胶颗粒后，沥青混合料所能承受的最大荷载和弯曲模量分别降低了 12.4% 和 18.7%，而与此同时，其破坏时的跨中挠度和弯拉应变则升高，幅度为 10.19%。

虽然橡胶颗粒的添加对沥青混合料的弯曲性能改善有所帮助，但从其挠度值来看，仍然无法满足表 2-4 中卷曲能力的要求。可见，橡胶颗粒无法从本质上改变沥青混合料的弯曲性能，只能在一定程度上进行改善，橡胶颗粒的添加对材料的可卷曲能力并无明显效果。

2.3.4　土工布的使用效果

由于土工布具有较高的韧性和抗拉强度，对沥青混合料起到加筋作用，保证了复合后的沥青混合料能够承担更大的变形破坏。目前，将土工布与沥青混凝土复合成的沥青混凝土面层主要用于改建工程，如旧水泥混凝土路面加铺沥青路面。为了防止混合料在卷曲以及保存、运输的过程中出现裂纹，提高混合料的抗裂性能，借鉴沥青防水卷材的成型方法，在成型混合料的过程中引入土工布，增强混合料的性能。

1)铺设位置的影响

为探索土工布的铺设位置对沥青混合料弯曲性能的影响,分别将无纺布和聚酯玻纤布铺设至沥青混合料小梁试件的底部和距底部1/3处。将土工布铺设至沥青混合料底部的操作容易实现,故不再累述。现将土工布铺设距底部1/3处的方法介绍如下:先在车辙板模具中填满12mm厚的沥青混合料,使用小型击实锤初步整平,铺设一层无纺布或聚酯玻纤布,再用剩余的沥青混合料将整个模具填满、压实。切割小梁时,只切割试件的顶部,从而保证土工布的位置处于约距底部1/3处。4组沥青混合料的小梁弯曲试验测试结果如表2-13所示。

加铺土工布前后混合料弯曲性能测试结果 表2-13

试　件	最大力(N)	挠度(mm)	弯拉强度(MPa)	弯拉应变	弯曲模量(MPa)
对比试件	665.9	3.56	5.67	0.0182	312.23
无纺布单层-底部	939.1	3.13	7.57	0.0163	465.31
玻纤布单层-底部	1008.6	3.76	8.09	0.0196	415.10
无纺布单层-距底部1/3处	854.7	3.50	6.78	0.0184	370.69
玻纤布单层-距底部1/3处	828.1	3.83	6.65	0.0201	337.05

由表2-13可以看出,铺设土工布后的沥青混合料所能承受的最大荷载明显高于未加土工布的试件,说明土工布对混合料有加筋作用,其中土工布加铺于底部的混合料的最大荷载/弯拉强度最大。加铺聚酯玻纤布后的沥青混合料破坏时的跨中挠度较加土工布的混合料有所增加,而添加无纺布的小梁破坏时的跨中挠度略有下降。

在土工布铺设位置相同的条件下,加铺聚酯玻纤布的混合料破坏时的跨中挠度较大,说明该材料与沥青混合料的变形协调性、黏附性较高。然而上述四种沥青混合料破坏时的挠度值仍无法满足表2-4中的指标。

2)铺设层数的影响

预制沥青路面在卷曲过程中面层底部受拉,而在铺放过程中面层顶部受拉。为增强沥青路面顶部的抗拉性能,拟将土工布加铺至混合料的顶部,考虑到路面抗滑、施工等因素,最终确定将土工布铺设至距表面约10mm处。

双层土工布的混合料试件成型方法如下:先在车辙板模具中填满12mm的混合料,使用小型击实锤初步整平,再铺设一层无纺布或聚酯玻纤布,填满12mm的混合料,并轻微整平后铺设一层土工布,最后加入剩余混合料,压实。

切割时去掉上层,保证小梁试件上、下1/3处各有一层无纺布或聚酯玻纤布。对该试样进行弯曲性能测试,测试结果见图2-9。

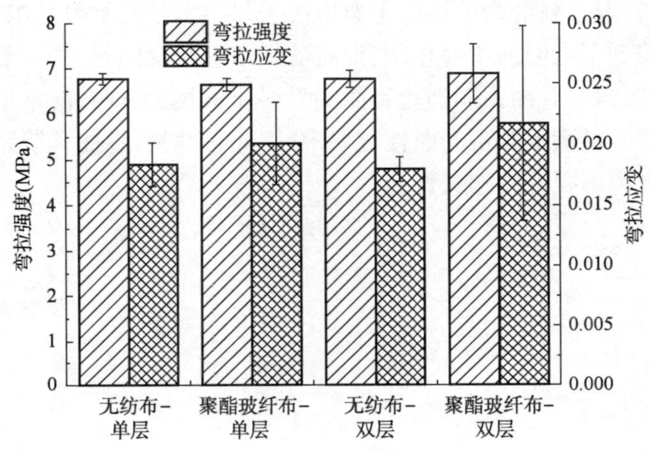

图2-9 加铺层数对弯曲性能的影响

从图中可以看出,加铺第二层无纺布前后的混合料弯曲性能基本一致;而加铺第二层聚酯玻纤布后,混合料的弯拉强度和弯拉应变略有增加,但幅度不大,表明土工布加铺层数的增加对沥青混合料弯曲性能的影响很小。产生上述现象的原因:在弯曲试验开始时上1/3处的土工布基本处于受压区,随着沥青混合料底部逐渐开裂,小梁的中性轴也逐步上移,此时上1/3处的土工布仍处于受压区或刚进入受拉区,因而对小梁的弯曲性能影响不大。

可知混合料中加入无纺布后,无论是单层还是双层布设,其最大荷载对应的跨中挠度度值均要小于未加无纺布的情况。分析其原因,初步认为有可能是无纺布与混合料接触的界面黏结合效果不佳造成的。为了提高布与混合料的黏结,使用前对两种土工布进行处理,即对其表面涂刷沥青后进行测试,结果如表2-14所示。

加铺双层土工布(涂抹沥青后)的混合料弯曲性能测试结果 表2-14

试 件	最大力(N)	挠度(mm)	弯拉强度(MPa)	弯 拉 应 变	弯曲模量(MPa)
无纺布双层	814.4	4.63	6.66	0.0241	283.90
玻纤布双层	840.9	4.57	6.81	0.0239	287.07

从表2-14可以看出,土工布经过涂刷沥青,其混合料的弯拉强度变化不大,而弯拉应变相比有所增加,可见土工布涂刷沥青对其弯曲变形量的提高有积极作用。

可见土工布的铺设改变了小梁受力弯曲时的应力分布,增加了变形量的同时还能确保混合料的弯拉强度,但弯拉强度和弯拉应变增长的幅度有限。由此可以认为,沥青混合料的弯曲性能主要取决于材料类型及材料的组成比例,而加铺土工布仅起到了有限的增强作用,没有从根本上解决问题。

综上可知,与可卷曲预制沥青路面的材料要求相比,现有的常用沥青混合料及技术手段均不能满足其可卷曲性能要求,因此,针对可卷曲预制路面专用材料的研发是其推广工程应用的关键。

第3章　可卷曲预制路面专用沥青胶结料的研发

3.1　可卷曲专用改性沥青胶结料体系的确定

可卷曲预制沥青路面作为高等级公路沥青路面上面层的一种特殊结构，要求沥青混合料具有较好的高低温性能、抗老化性能。就其所用的沥青结合料而言，按照SHRP计划的标准，沥青的性能应达到PG82-22，相应的软化点要在80℃以上，5℃延度要在30cm以上。此外，可卷曲沥青混合料应具有较好的可变形能力，以便在预制卷曲过程中沥青混合料不会因变形过大而发生开裂，同时预制沥青路面作为上面层，长期与紫外线、空气和水接触，因而也需要其具备较好的抗老化性能。

3.1.1　复合改性技术手段的确定

SBS改性沥青可同时兼顾高低温性能，在我国使用较为广泛，其结构大体上分为星形和线性两种，在同等条件下星形的改性效果优于线形，但星形SBS改性后的沥青储存稳定性较差，因而采用型号为1301-1的线形SBS改性剂进行试验探讨。

将基质沥青加热至160℃后与SBS改性剂混合，并保持在该温度下进行搅拌溶胀。30min后，升高温度至180℃，在转速为4000r/min下的高速剪切机进行高速剪切，此过程为30min。最后切换至搅拌头进行材料的进一步发育搅拌，此阶段温度为170℃，搅拌时间为30min，待发育完成后便可浇样测试。不同SBS掺量下的改性沥青三大指标及布氏黏度的测试结果如图3-1所示。

软化点与沥青的高温性能有着明显的相关性，同时软化点也是作为检验沥青改性效果的一种最为直观、简便的指标。从图3-1a)中软化点变化曲线可以看出，其软化点随着SBS掺量的增加而逐渐增大，当SBS掺量为0～2%和8%～10%的时候，曲线斜率较为平缓，当SBS掺量为2%～6%时，斜率较为陡峭，其中掺量为4%～6%时的改性沥青性能的变化最为显著；改性沥青的针入度随着SBS掺量的增加而减少，表明SBS在基质沥青中吸收轻质组分、发生溶胀，使得改性沥青变稠、黏度增加。当 SBS 掺量大于 6%，针入度下降的趋势变得较为平缓。

由图 3-1b）可知，改性沥青的 5℃ 延度随着 SBS 掺量的增加而增加，当 SBS 掺量为 0～2% 的时候延度的上升速度较为缓慢，当掺量为 2%～4% 的时候延度的上升速度很快，随后延度的上升速度虽有所减缓，但仍稳步上升。从中可以看出，相比基质沥青，改性沥青的低温抗裂性能几乎全部是由 SBS 所提供的。

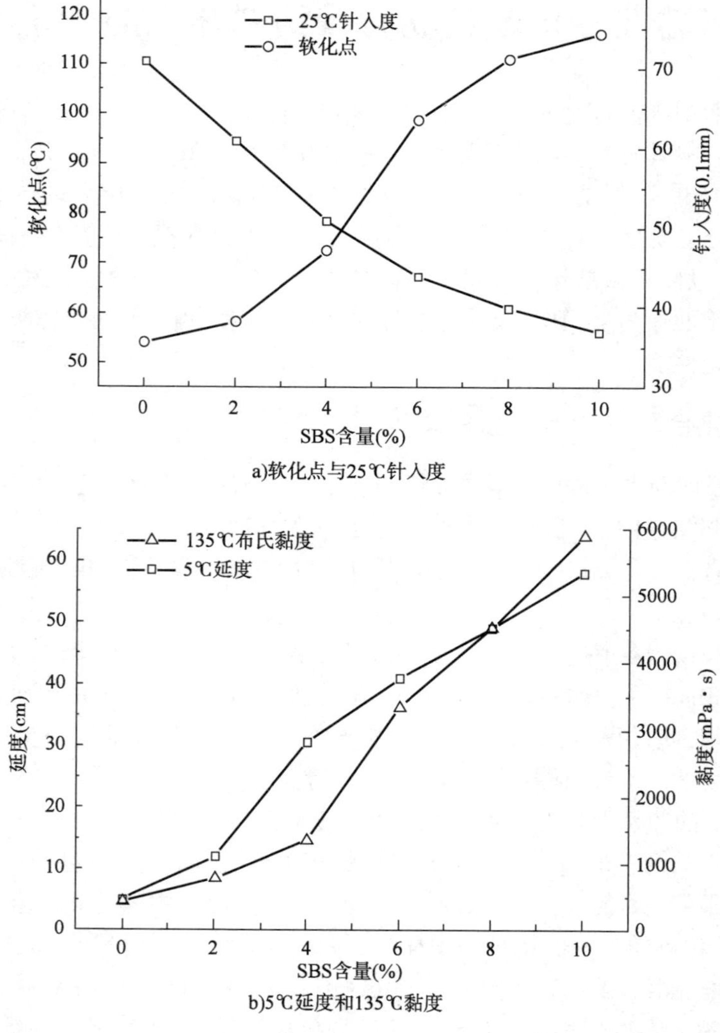

a)软化点与25℃针入度

b)5℃延度和135℃黏度

图 3-1　SBS 改性沥青各项指标与掺量关系

沥青混合料的拌和、摊铺和碾压均与黏度有着密切的关系，同样可以看出当SBS掺量较低时，黏度的增长的幅度较为缓慢，当掺量大于4%后，其黏度的增幅近似于指数形式增长。表明随着SBS掺量的增加，改性沥青逐渐由牛顿流体向非牛顿流体进行转变。

为探索改性沥青SBS掺量的增加对沥青混合料小梁弯曲性能的影响，本节采用CQ型级配沥青混合料，油石比为7%，在10℃温度下进行弯曲性能的测试，测试结果如图3-2所示。

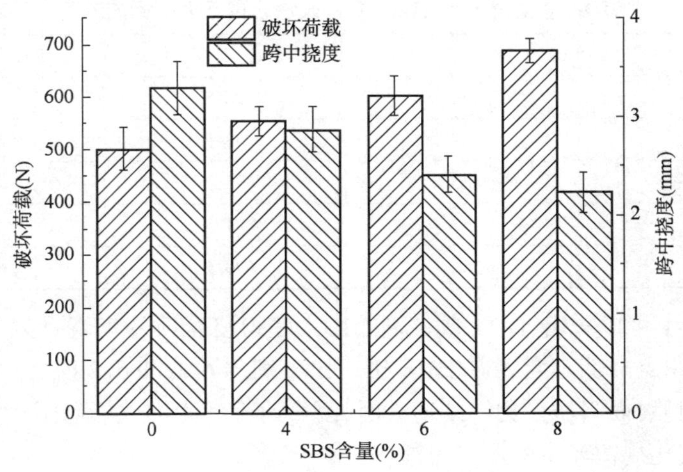

图3-2　不同SBS掺量下改性沥青混合料小梁弯曲试验结果

从图3-2中可以看出，SBS的加入使得沥青的稠度增大、劲度增强，小梁弯曲试验中的破坏荷载随着SBS掺量的增加而增加，但跨中挠度随之降低。从这个趋势来看，仅从改变SBS掺量的角度来制备可卷曲沥青混合料专用改性沥青的方案是行不通的。

同时由图3-1与图3-2对比可知，改性沥青针入度随着改性剂掺量的增加而降低，说明在此过程中沥青变稠、变硬，受力时抗变形能力增强，故其沥青混合料小梁的跨中挠度有所降低。虽然基质沥青的针入度最大，且其混合料的跨中挠度也最大，但不能作为可卷曲沥青路面的专用改性沥青，原因如下：①虽然基质沥青混合料的小梁试件跨中挠度最大，但其挠度仍不能满足卷曲要求；②基质沥青各方面性能均与改性沥青存在很大差距，不能用于高等级公路的上面层。

综上，本书拟开发出既保持改性沥青优良的高低温性能的同时又能提高沥青的针入度等性能，以期望能够制备既能满足卷曲要求又能全面具有优良性能的改性沥青。遵循上述改性方案，研发改善沥青变形协调性能的改性剂HDA

(High Deformation Agent),由于涉及材料核心技术的保密,故本书不便对该改性剂配方做过详细的描述。

拟利用该新型改性剂技术对 SBS 改性沥青进行复合改性,已期达到理想的性能效果。已有研究表明,当 SBS 改性剂掺量达到 6% 后,SBS 改性剂在沥青中逐渐由分散相转为连续相,故本节先以 6% SBS 改性为基础,研究不同比例的 HDA 改性剂对复合改性沥青性能的影响。测试 SBS/HDA 质量比分别为 6/0、6/1、6/2、6/3 和 6/4 的复合改性沥青的三大指标,如表 3-1 所示。

HDA 掺量对 SBS/HDA 复合改性沥青三大指标的影响 表 3-1

SBS/HDA 质量比	25℃针入度(0.1mm)	软化点(℃)	5℃延度(cm)
6/0	44	98.8	41
6/1	47	93.5	44.6
6/2	55	92.7	47.9
6/3	57	91.3	49.6
6/4	58	90.6	49.4

由表 3-1 可以看出,HDA 改性剂的掺入使得复合改性沥青针入度和延度有所增大,软化点降低。当 SBS/HDA 质量比分别为 6/1 和 6/2 时,三大指标数值变化较为明显,而当质量比继续增大时,复合改性沥青的性能趋于稳定。

上述变化规律产生的原因可能为:

(1)在 SBS/HDA 复合物改性沥青体系中,SBS 与 HDA 相互作用,改变了 SBS 大的交联网络结构的形成,增大各链段间的距离,改变了聚合物改性沥青的柔性。

(2)HDA 改性剂中含有 PS 段,使得改性沥青中整体聚丁二烯的含量增多,使得聚合物改性沥青的柔性增加。

(3)6% 的 SBS 在沥青中已经由分散相逐渐向连续相进行转变,此时加入 HDA 改性剂,势必会使复合改性剂在沥青中发生相形态的改变。

综合技术经济比确定 SBS/HDA 质量比为 3/1。为制备延度更为优异的改性沥青,分别制备 SBS 含量为 9%、12% 的复合改性沥青,其测试数据结果列于表 3-2 中,并与 SBS 含量为 6% 的复合改性沥青进行比较。从表 3-2 可知,HDA 的加入对 9%、12% 含量的 SBS 改性沥青性能影响较大,其变化趋势与表 3-1 中所呈现的趋势相同。复合改性沥青的沥青针入度和延度增加,软化点有所下降,SBS/HDA 掺量比为 9/3 和 12/4 两种复合改性沥青的 25℃针入度较为接近,但从延度的指标来看,SBS/HDA 掺量比 12/4 的复合改性沥青性能更优。

不同 SBS/HDA 配比下的复合改性沥青三大指标测试　　表 3-2

SBS/HDA 掺量比	25℃针入度(0.1mm)	软化点(℃)	5℃延度(cm)
6/2	55	92.7	47.9
9/0	41	111.3	65.2
9/3	63	105.8	70.5
12/0	39	123.1	69.4
12/4	65	114.6	73.1 脱模

将表 3-2 中的三种复合改性沥青拌和成为 CQ 型的沥青混合料,油石比为 7%,成型小梁试件,并在 10℃下进行测试,测试结果如图 3-3 所示。从中可以看出,由于随着 SBS/HDA 掺量比的增加,复合改性沥青与同掺量的 SBS 改性沥青相比较软,因而沥青混合料小梁的破坏荷载逐渐降低,而破坏时的跨中挠度得到显著的提升。虽然 SBS/HDA 掺量比为 6/2 的复合改性沥青的挠度仍然小于基质沥青,但与 SBS 掺量为 6% 的改性沥青混合料相比,其挠度增长了 27.4%。其中当 SBS/HDA 掺量比为 9/3 时,其混合料的跨中挠度达到了 4.98mm,因而可以初步认为 SBS/HDA 掺量比为 9/3 和 12/4 的复合改性沥青可以作为可卷曲预制沥青路面的专用改性沥青改性技术方案。

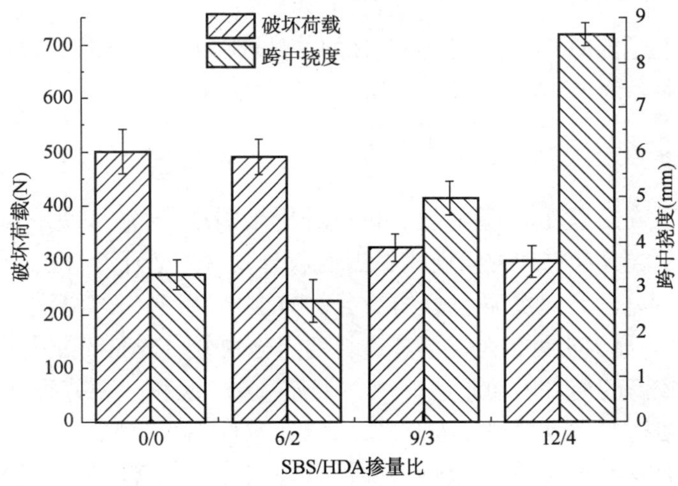

图 3-3　不同 SBS/HDA 掺量的改性沥青混合料小梁弯曲试验结果

对图 3-3 中的三种复合改性沥青的微观形貌做进一步的了解,采用实验室显微镜热台压片进行观察,如图 3-4 所示,图中浅色的为 SBS/HDA 改性剂,深色的为沥青。由于聚合物改性沥青是由聚合物和沥青组成的两相共混物,按照相的连续性可以分成三种基本类型:①沥青相为连续相而聚合物相为分散相的单相连续结构;②聚合物相为连续相而沥青相为分散相的单项连续结构;③两相连续结构或两相互锁结构,即沥青相和聚合物相都是连续的。

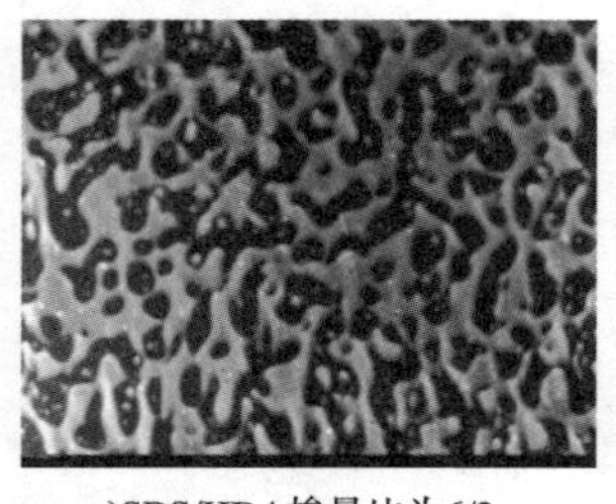

a)SBS/HDA掺量比为6/2

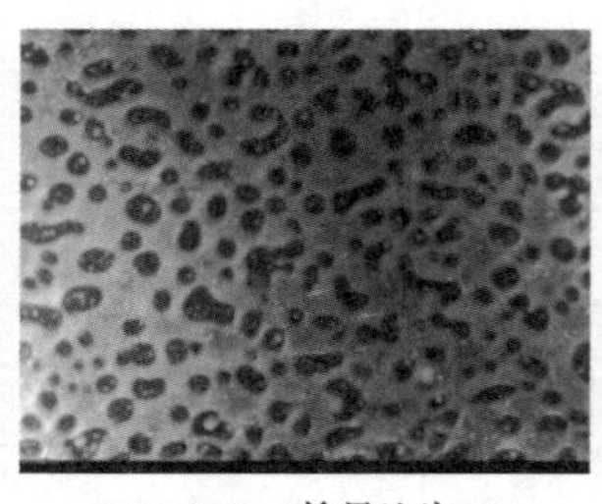
b)SBS/HDA掺量比为9/3

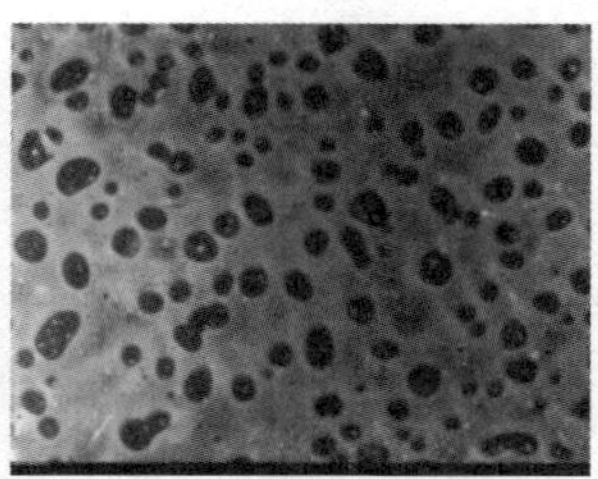
c)SBS/HDA掺量比为12/4

图3-4　复合改性沥青显微镜照片(放大倍数100倍)

从图3-4a)可知,当SBS/HDA掺量比为6/2时,改性剂SBS/HDA在沥青中与沥青形成双连续相,随着改性剂掺量的进一步增加,复合改性剂在沥青中完成相变反转,如3-4b)所示,SBS/HDA复合改性剂成为连续相,而沥青为分散相,随着改性剂含量进一步增加,SBS/HDA连续相面积增大,沥青分散相面积减小。

以图3-4c)为例,虽然复合改性剂的质量仅占改性沥青整体质量的16%,但由于聚合物吸收基质沥青中的轻质油分,体积膨胀到原体积的5~10倍,因而从表观上来看,基质沥青分散在复合改性沥青结构中。

为下文表述方便,将本节中SBS/HDA掺量比为6/2、9/3和12/4的复合改性沥青统一命名为RMA1、RMA2和RMA3改性沥青。

3.1.2　基于配伍性基质沥青的选择

沥青的组成极为复杂,其对组成进行分析很困难,通常从使用角度出发,将沥青中按化学成分和物理力学性质相近的成分划分为若干个组,这些组就称为"组分"。国内外学者对沥青组分的划分的方法不一,有三组分法、四组分法和五组分法,目前最为常见的是对沥青进行四组分划分。按照四分法的划分,沥青是由分子量较高的沥青质和胶质分散在轻质油分(饱和分和芳香分)中而形成的悬浮胶体结构。当改性剂加入基质沥青后,改性剂吸收原基质沥青中的饱和分和芳香分而发生溶胀,使得改性后的沥青各组分的比例与原沥青相比发生了较大的改变。

研究表明,当沥青中轻质油分含量较少而沥青质较多时,该沥青与聚合物改性剂的相容性差;而当沥青中饱和分和芳香分的含量较高时,即便沥青质的含量同样较高,该沥青与聚合物改性剂的相容性较好,改性效果更为明显。故聚合物改性剂与基质沥青的配伍性是影响改性剂溶胀效果的关键,对改性沥青的性能起决定性的作用。

本节选择中海 70 号、SK70 号和埃索 70 号基质沥青进行改性，来探讨 SBS/HAD 改性剂与基质沥青的配伍性，将这三种复合改性沥青与 CQ 型级配矿料拌和制备成可卷曲沥青混合料，油石比为 7%，在 10℃条件下进行三种沥青混合料的小梁弯曲试验，试验结果如图 3-5 所示。

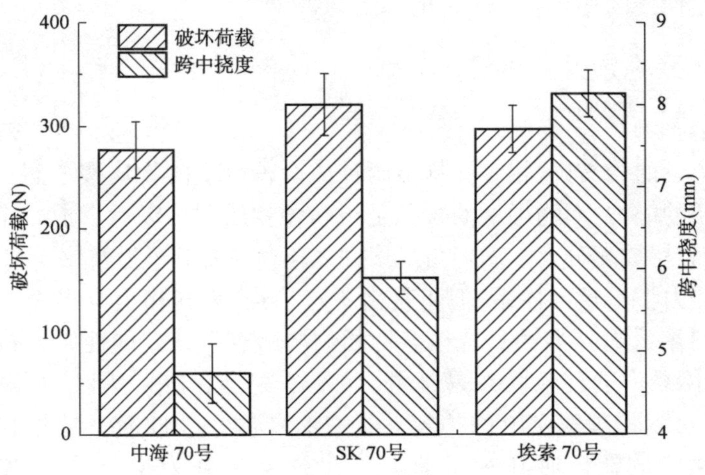

图 3-5　不同基质改性后的可卷曲沥青混合料小梁弯曲试验

对比三种基质沥青改性后的沥青混合料小梁试验结果可以发现，从破坏荷载来看，SK70 号 > 埃索 70 号 > 中海 70 号，三种混合料的差距较小，最大值仅为最小值的 1.16 倍；从破坏时的跨中挠度来看，埃索 70 号沥青的改性效果最好，中海 70 号沥青的改性效果最差，且尚不能满足卷曲要求，前者为后者的 1.82 倍。根据沥青混合料小梁试验的测试结果可以得出与 SBS/HAD 改性剂的配伍性最好的沥青是埃索 70 号基质沥青，而中海 70 号基质沥青的配伍性最差，不宜用于制备 RMA 改性沥青。

为探索埃索 70 号基质沥青具有较好的配伍性的深层原因，分别对三种基质沥青的四组分进行研究，并列于表 3-3 中。

三种基质沥青化学组分　　表 3-3

沥青种类	饱和分(%)	芳香分(%)	沥青质(%)	胶质(%)	饱和分+芳香分(%)	组分指数CI(%)	胶质+芳香分(%)
中海 70 号	19.16	48.44	10.53	21.87	67.6	42.23	70.31
SK 70 号	16.25	44.39	12.87	26.49	60.64	41.08	70.88
埃索 70 号	12.17	56.78	8.99	22.18	68.95	26.80	78.96

BRULE 研究认为,当沥青中的饱和分占 8% ~12%,沥青质占 1% ~5%,芳香分和胶质占 85% ~89% 时,基质沥青与改性剂的相容效果较好。此外,有研究者建议选择组分指数 CI 为 26% ~32% 的基质沥青进行改性,其中 CI 的计算公式为(饱和分 + 沥青质)/(芳香分 + 胶质)。从表 3-4 可以看出,埃索 70 号沥青恰好符合上述文献中提到的规律,故在今后的工程实践中应根据组分指数 CI 来选取与改性剂的相容效果较好的基质沥青。

3.1.3 体系稳定性的保证

1)相容剂

从热力学的含义讲,相容性是指两种或两种以上的物质按任意比例均能形成均相物质的能力;而物理上的含义是指两种物质混溶以后形成一个稳定的体系,不发生分层或相分离。沥青与高聚物之间存在着分子量及化学结构的差异,因而属于热力学不相容体系,但正是由于这一点,不同相组分界面上的相互作用可以使得聚合物共混物具有很多均相物质所难以达到的性质。聚合物在沥青-聚合物体系中的理想状态是细分,而不是完全相容。所以,对聚合物改性沥青来说,达到物理意义上的相容是很有必要的。改性沥青的相容性好是指改性剂以微细的颗粒均匀、稳定地分布在沥青中,不发生分层、凝聚或离析等现象。

相容剂能够使改性剂溶胀,使改性剂各链段间的距离增大,从而降低了各链段间的相互作用力,导致链段间运动的摩擦力减弱,使链段运动能力增强。微区自身运动的加剧,促进改性剂在沥青中分散更均匀,使改性剂和沥青及稳定剂的接触机会增多,有利于在反应过程中改性剂自身更好地交联形成网络结构,也有利于沥青更好地接枝到改性剂上生成改性剂——沥青接枝物。

为探索相容剂的剂量对改性沥青性能的影响,在制备复合改性沥青时仅改变相容剂的剂量,RMA3 改性沥青的性能指标随相容剂剂量的变化趋势见图 3-6,由于复合改性沥青 5℃的延度几乎均在 60 ~80cm 范围内发生脱模,不具有可比性,因而图中仅给出了 25℃的针入度和软化点的测试数值。图中所示的相容剂的剂量为基质沥青的百分比,其中试验所用相容剂由 94% 的 A 油和 6% 的界面助剂 B 油组成。

相容剂的掺入使得改性剂各链段间的距离增大,导致链段间运动的摩擦力减弱,沥青变软。由图 3-6 可知,随着相容剂剂量的增加,RMA3 改性沥青的针入度逐渐升高而软化点逐渐降低。从性能曲线各线段的斜率来看,当相容剂含量较高时,其对改性沥青的影响已不太明显。因此,综合考虑改性沥青宏观各指标的变化及经济效益，RMA3 改性沥青的相容剂剂量宜采用10%，即与复合改性剂的质量比为5∶8。下文中有关 RMA1 和 RMA2 专用改性沥青制备时，同样选择该相容剂配比方案。

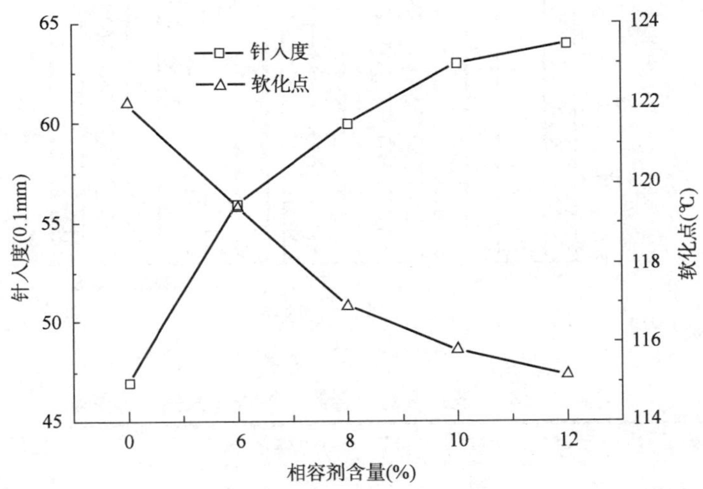

图3-6　相容剂含量对 RMA3 改性沥青性能的影响

2）稳定剂

由于聚合物改性剂与沥青之间会存在密度差，在运输储存过程中，改性剂微粒上浮与沥青分离，从而产生离析。虽然相容剂的加入会使该改性剂均匀分散，但相容剂和改性剂之间的作用仅为物理性的弱链接，对于改性沥青稳定性的作用微乎其微。如 RMA3 改性沥青，即便复合改性剂在沥青中完成了相变反转成为连续相，若不加入稳定计，在一定的温度和时间内，改性剂仍然会发生聚集，从而破坏原有相对稳定的相态结构。

稳定剂是一种化学交联剂，具有较活泼的化学反应能力，在一定的条件下可与聚丁二烯段中的双键或双键邻位的亚甲基发生交联反应，使沥青相与聚合物相形成稳定的胶体体系，用于 SBS 改性沥青中最为常见的稳定剂为单质硫 S。本节选择单质 S 和一种有机化合物的稳定剂 C 在其他条件相同的情况下进行存储稳定性的对比试验，RMA3 改性沥青稳定性试验结果见图3-7，本节使用的稳定剂剂量为基质沥青质量的0.1%、0.2%和0.3%。研究表明，虽然稳定剂剂量的增加会提高改性沥青的稳定性，但对改性沥青的三大指标产生影响，掺入稳定剂后的三大指标的试验结果见表3-4。

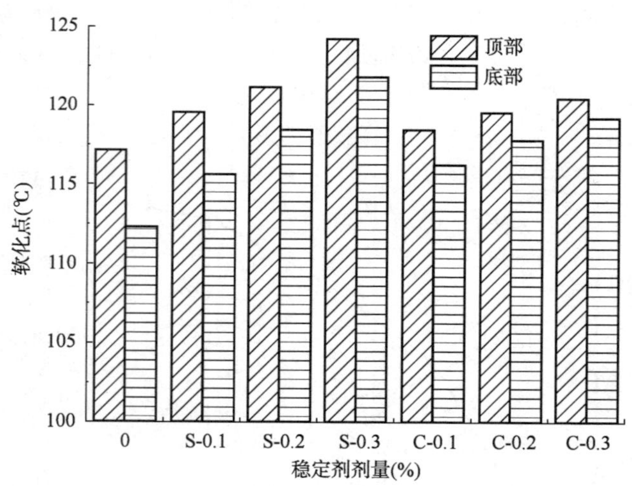

图 3-7　稳定剂类型及剂量对改性沥青存储稳定性的影响

不同稳定剂类型及剂量对复合改性沥青三大指标的影响　　表 3-4

类型及剂量	25℃针入度(0.1mm)	软化点(℃)	5℃延度(cm)
0	68	114.8	68.3 脱模
S-0.1	65	117.7	70.4 脱模
S-0.2	61	119.8	63.9
S-0.3	60	123.1	58.2
C-0.1	69	117.4	73.8 脱模
C-0.2	66	118.7	71.5 脱模
C-0.3	63	120.1	69.7

图 3-7 中列出的是掺入不同稳定剂类型和剂量的改性沥青，在 135℃的烘箱中恒温 24h 后离析管顶部和底部沥青的软化点。沥青顶部与底部之间的软化点差值越大，说明聚合物改性沥青的离析程度越高，从图中可知，未加稳定剂的改性沥青的软化点差最大。稳定剂 S 和 C 的掺入均使得沥青的软化点差值变小，随着掺量的增加，改性剂与沥青的相互作用和相容性逐渐提高，因而软化点相应有所升高，软化点差值逐渐减少。根据《公路沥青路面施工技术规范》(JTG F40—2004)中规定改性沥青的软化点差不应大于 2.5℃，对于稳定剂 S，当掺量为 0.1%、0.2% 时无法满足规范要求，说明稳定剂用量太少不足以抑制聚合物和沥青相的分离；而对于稳定剂 C，三个掺量的改性沥青软化点差均小于 2.5℃，最大值仅为 2.2℃。说明针对 RMA 改性沥青，掺入稳定剂 C 后，沥青的储存稳定性更好。

稳定剂的加入会对改性沥青的性能产生影响，如表3-4所示，随着稳定剂剂量的增加，改性沥青的软化点逐渐升高、针入度和延度逐渐下降。对于稳定剂S，虽然掺量为0.3%时能够满足储存稳定性的要求，但对改性沥青的针入度和延度指标影响较大，与原样改性沥青（稳定剂掺量为0）相比，25℃的针入度衰减了11.8%，这与制备针入度较高的专用改性沥青的初衷相违背，因而不建议使用单质硫S作为稳定剂用于RMA改性沥青中。

对于稳定剂C，剂量的增加同样会使改性沥青的针入度发生较大的衰减，但当剂量为0.1%时便可满足规范对储存稳定性的要求，且对改性沥青的性能影响较小，因而认为使用稳定剂C（剂量为0.1%）是更为适宜的。

3.2 可卷曲专用沥青胶结料的制备工艺

工艺条件对改性沥青的制备至关重要，尤其是影响改性沥青性能的重要因素。采用正交试验对不同的工艺条件（剪切温度、剪切频率、剪切时间）下的沥青胶结料进行研究，如表3-5所示。通过对改性沥青基本性能的评价，来确定沥青改性的最佳工艺参数，以制备性能优异的可卷曲专用沥青胶结材料。正交试验设计方案以及相应工艺条件制备的RMA2改性沥青性能测试结果见表3-6，由于RMA改性沥青的软化点高于路面正常使用时的温度范围，因而暂不对软化点的影响因素进行分析，正交试验的计算结果见表3-7。

正交试验因素水平表　　表3-5

水　平	因　素		
	剪切时间(min)	剪切温度(℃)	剪切速率(r/min)
1	30	170	3000
2	60	180	4000
3	90	190	5000

正交试验方案及试验结果　　表3-6

试验号	A	B	C	空列	25℃针入度(0.1mm)	5℃延度(cm)
1	1	1	1	1	59	66.2
2	1	2	2	2	62	72.3
3	1	3	3	3	65	75.8
4	2	1	2	3	65	63.4

续上表

试验号	A	B	C	空列	25℃针入度(0.1mm)	5℃延度(cm)
5	2	2	3	1	68	77.1
6	2	3	1	2	61	70.6
7	3	1	3	2	67	65.8
8	3	2	1	3	63	69.3
9	3	3	2	1	62	68.9

正交试验结果分析　　表 3-7

指　标	因　素	A	B	C	结　果
25℃针入度(0.1mm)	K_1	186	191	183	189
	K_2	194	193	189	190
	K_3	192	188	200	193
	k_1	62.0	63.7	61.0	63.0
	k_2	64.7	64.3	63.0	63.3
	k_3	64.0	62.7	66.7	64.3
	极差 R	2.7	1.7	5.7	1.3
	因素主次	C > A > B			
	优方案	$C_3A_2B_2$			
5℃延度(cm)	K_1	214.3	195.4	206.1	212.2
	K_2	211.1	218.7	204.6	208.7
	K_3	204	215.3	218.7	208.5
	k_1	71.4	65.1	68.7	70.7
	k_2	70.4	72.9	68.2	69.6
	k_3	68.0	71.8	72.9	69.5
	极差 R	3.4	7.8	4.7	1.2
	因素主次	B > C > A			
	优方案	$B_1C_3A_2$			

根据表 3-7 中的计算结果可知,影响 25℃针入度大小的三种因素的主次顺序为:剪切速率 > 剪切时间 > 剪切温度;影响 5℃延度大小的三种因素的主次顺序为:剪切温度 > 剪切速率 > 剪切时间。

剪切速率的提高有助于迅速将改性剂变细、剪碎,以微米级颗粒均匀分散在沥青中，与沥青、相容剂充分接触并迅速发生溶胀，因而该因素对沥青的针入度影响较大，应取大值。剪切时间的延长有助于改性剂颗粒均匀地分散在基质沥青中，形成均匀体系，但时间过长会加速改性沥青的老化，会对改性沥青的性能有较大的影响，故取中值。剪切稳定的提高有助于提高各官能团链段间的相互运动，增大各反应物质的活性，加速改性剂与沥青、相容剂和稳定剂的物理化学反应，但温度过高，且时间较长的话会加速改性沥青的老化，故根据剪切时间取小值或中值。

综上，制备 RMA 改性沥青的最优工艺条件为：剪切温度 170～180℃，剪切时间 60min，剪切速率 5000r/min。

可卷曲专用沥青胶结材料制备工艺具体如下：

(1)先将基质沥青加热至 160℃左右，按照比例加入相容剂 A 油和界面助剂 B 油，并简单搅拌 5min。

(2)加入不同剂量的 SBS 颗粒，将温度控制在 170～180℃，用高速剪切机在剪切速率为 5000r/min 的条件下剪切 30min，使 SBS 颗粒充分溶胀。

(3)使用玻璃棒取样观察，待 SBS 分散均匀后加入改性剂 HDA，并继续剪切 30min，剪切过程中注意控制温度。

(4)待改性剂 HDA 分散均匀后加入稳定剂 C，再剪切 15min 即可。

(5)将剪切后的改性沥青放入烘箱，温度控制在 170℃左右，发育 30min 后得到可卷曲沥青路面专用改性沥青。

3.3　可卷曲专用改性沥青胶结料路用性能研究及评价

3.3.1　老化性能

针入度是表征沥青软硬程度和稠度、抵抗剪切破坏的能力，反映在一定条件下沥青的相对黏度的指标。沥青的针入度越大，说明沥青稠度越小，俗称沥青越软，反之亦然。本小节按照《公路工程沥青及沥青混合料试验规程》(JTG E20—2011)操作，分别测试基质沥青、SBS 改性沥青、三种 RMA 改性沥青、高黏沥青和橡胶沥青短期老化前后的 15℃、25℃、30℃的针入度，测试结果如表 3-8 所示。

各类沥青针入度测试结果　　表 3-8

沥青类型	针入度(100g,5s,0.1mm)						针入度比(%)		
	老化前(RTFOT)			老化后(RTFOT)					
	15℃	25℃	30℃	15℃	25℃	30℃	15℃	25℃	30℃
SK 基质沥青	27	71	117	16	43	74	59.3	60.6	63.2
SBS 改性沥青	19	50	70	15	34	57	78.9	68.0	81.4
RMA1 改性沥青	26	58	80	25	52	77	96.2	89.7	96.3
RMA2 改性沥青	33	66	81	28	51	70	84.8	77.3	86.4
RMA3 改性沥青	34	63	78	30	52	71	88.2	82.5	91.0
高黏沥青	20	46	63	14	31	50	70.0	67.4	79.4
橡胶沥青	29	63	83	24	51	66	82.8	81.0	79.5

如上节所述,RMA 是在 SK70 号基质沥青中添加复合改性剂 SBS/HDA 制备而成的,改性剂的添加势必会使沥青的稠度增加,抗剪切破坏的能力增强,因而在测试温度为 25℃和 30℃下 RMA 改性沥青的针入度比基质沥青要小,且温度越高降低的幅度越大;然而在 15℃下,RMA 改性沥青的针入度较基质沥青有所增加,说明复合改性剂 SBS/HDA 的添加延缓了沥青低温下向玻璃态转变的进程,且随着改性剂含量的增加,这种趋势越明显。

三个温度下的 RMA 改性沥青的针入度均小于高黏沥青,说明在该温度范围内 RMA 改性沥青的稠度较高黏沥青要小;RMA2、RMA3 改性沥青在 25℃和 30℃下与橡胶沥青较为接近,但在 15℃下 RMA 改性沥青的针入度依然小于橡胶沥青,说明 RMA2、RMA3 改性沥青在低温下更“软”,更易发生剪切变形。

从短期老化后测试的指标来看,基质沥青针入度衰减的最为明显,其次是 SBS 改性沥青、高黏沥青和橡胶沥青,而 RMA 改性沥青针入度减少的幅度最小,表明 RMA 改性沥青的抗老化性能较优。老化前后的 RMA2 和 RMA3 改性沥青三个温度下的针入度基本相同,说明复合改性剂 SBS/HDA 掺量增加到某一程度后对针入度的影响甚微。

3.3.2　温度敏感性

沥青对温度的变化较为敏感,目前常用针入度指数来评价其感温性。Pfeiffer 和 Van Doormaal 将不同温度下沥青的针入度表示在对数坐标上,得出沥青的针入度(对数)-温度直线关系为:

$$\log P = AT + K \tag{3-1}$$

式中:P——试验温度下的针入度(0.1mm);

T——试验温度(℃);

A、K——回归参数。

针入度指数 PI 为:

$$\mathrm{PI} = \frac{30}{1 + 50A} - 10 \tag{3-2}$$

为评价 RMA 改性沥青的感温性能,按照式(3-1)、式(3-2)对表 3-9 中的数据进行计算,结果如表 3-9 所示。

各类沥青 PI 值计算结果 表 3-9

指标		SK 基质	SBS 改性	RMA1 改性	RMA2 改性	RMA3 改性	高黏沥青	橡胶沥青
RTFOT 前	A	0.042	0.038	0.032	0.026	0.024	0.033	0.030
	PI	-0.323	0.345	1.538	3.043	3.636	1.321	2.000
	K	0.794	0.712	0.926	1.128	1.170	0.802	1.005
	R^2	0.999	0.993	0.997	0.987	0.993	0.995	0.993
RTFOT 后	A	0.044	0.038	0.032	0.026	0.024	0.036	0.029
	PI	-0.625	0.345	1.538	3.043	3.636	0.714	2.245
	K	0.539	0.596	0.909	1.049	1.103	0.593	0.940
	R^2	0.999	0.996	0.999	0.999	0.999	0.997	0.992

沥青的PI值越低,表明其温度敏感性越高,性能越差。由表3-9可知,RMA改性沥青的PI值很高,尤其是RMA2、RMA3改性沥青的PI值均大于3,表明RMA改性沥青具有较低的温度敏感性。有研究认为,PI>2的沥青为凝胶型沥青,这种沥青在大变形或低变形速度条件下抗裂性能差,且耐久性也较差;理想的沥青针入度指数PI值应在-1~1。然而笔者认为上述研究结论是基于基质沥青和传统的改性沥青研究得出的,随着改性沥青的种类不断增加和改性技术的不断完善,这一结论是否仍然适用还有待斟酌,故本书将在后续研究中对RMA改性沥青在大变形或低变形速度条件下抗裂性能和耐久性能进行进一步的研究。

对比老化前后的针入度指数PI值可以发现,RMA改性沥青的PI值在RTFOT前后没有变化,而其他沥青的PI值或升高或降低,这一现象也可以进一步说明RMA改性沥青的抗老化性能更好。

3.3.3 高温性能

软化点是道路沥青的最基本性能指标之一,是沥青达到规定条件黏度时的温度。一般来讲,沥青硬、针入度小的软化点就高,而软化点的高低也常用来评价沥青的高温稳定性。本小节按照《公路工程沥青及沥青混合料试验规程》(JTG E20—2011)操作,分别测试基质沥青、SBS 改性沥青、三种 RMA 改性沥青、高黏沥青和橡胶沥青的软化点,测试结果如表 3-10 所示,此外根据针入度指数计算得到的当量软化点 T800 的计算结果也列于表中,其计算公式为:

$$T_{800} = \frac{\lg 800 - K}{A} \tag{3-3}$$

各类沥青软化点及当量软化点　　表 3-10

指　标	SK 基质	SBS 改性	RMA1 改性	RMA2 改性	RMA3 改性	高黏沥青	橡胶沥青
软化点	54.2	60.2	86.3	103.7	117	82.8	87.5
T_{800}(℃)	50.2	57.7	61.8	68.3	72.2	63.7	63.3
$T_{1.2}$(℃)	-17.0	-16.7	-26.5	-40.3	-45.5	-21.9	-30.9
ΔT(℃)	67.2	74.3	88.2	108.6	117.7	85.6	94.1

由表 3-10 可知,复合改性剂 SBS/HDA 的掺入使得沥青软化点提升显著,随着改性剂掺量的增加,改性沥青的软化点也随之增加。RMA 改性沥青软化点的整体水平高于其他沥青,RMA3 改性沥青的软化点最高,说明 RMA 改性沥青有较好的高温稳定性。不过值得注意的是,“七五”研究报告中指出,某些多蜡沥青中的蜡会影响沥青软化点的测定,虽然高温稳定性较差,但依然存在软化点高的假象。为解决这一问题,学者们建议采用当量软化点 T800 代替软化点来表征沥青高温时的路用性能。从这一角度来看,RMA 改性沥青当量软化点的整体水平高于其他沥青,说明 RMA 改性沥青具有较好的高温稳定性,但与其他沥青差距并不明显。产生该现象的主要原因是当量软化点的本质依然是针入度指数,RMA 改性沥青的针入度指数在数值上与其他沥青比差距并不明显,因而导致当量软化点的差距较小。

3.3.4 低温性能

延度指标代表着沥青在一定温度下拉伸至断裂前的变形能力,抗拉强度大、延度值大的沥青可以在较大的变形范围内不发生破坏。大量统计结果表明,沥青的延度与其低温性能具有较好的相关性,延度值高,低温变形能力强。低温时变形能力强的沥青,大多常温时也具有较高的变形能力。本小节按照《公路工程沥青及沥青混合料试验规程》(JTG E20—2011)操作,分别测试基质沥青、SBS 改性沥青、三种 RMA 改性沥青、高黏沥青和橡胶沥青老化前后 5℃的延度,测试结果如表3-11所示。

各类沥青老化前后延度　　表3-11

指标		SK基质	SBS改性	RMA1改性	RMA2改性	RMA3改性	高黏沥青	橡胶沥青
5℃延度(cm)	RTFOT前	5.2	23.8	51.5	79.3	74.6脱模	24.8	40
	RTFOT后	0.6	15.2	36.4	53.5	69.3	17.6	22.7
延度损失(%)		88.5	36.1	29.3	32.5	—	29.0	43.3

由上表可知,复合改性剂SBS/HDA的掺入使得沥青5℃延度值提升显著,随着改性剂掺量的增加,改性沥青的软化点也随之增加。RMA改性沥青软化点的整体水平高于其他沥青,其中RMA3改性沥青在测试过程中发生脱模现象,如图3-8所示,试样在拉伸到60～80cm区间均发生沥青与端部模具脱离,说明当该沥青在脱模时依据具备较高的抗拉强度,若不脱模其延度值还会有较明显的涨幅,同时也可认为沥青材料间的黏结力大于沥青与模具间的黏附力。老化后的RMA改性沥青依旧具有较为优异的抗变形能力。

图3-8　RMA3改性沥青延度测试脱模

按照老化前5℃延度值大小,对几种沥青进行排序为:RMA3改性>RMA2改性>RMA1改性>橡胶沥青>高黏沥青>SBS改性>基质沥青,老化后各沥青的排序不变。各沥青老化前后延度指标下降幅度较大,但大部分改性沥青的延度损伤在40%以内。

表3-12给出了各类沥青当量脆点及结合当量软化点确定的塑性温度范围。由于T1.2和T800受针入度试验误差的影响,因此使用当量脆点和塑性温度范围来评价沥青的低温性能并不可靠,只能作为一种参考,从表中可知,各沥青间低温性能的排序基本与延度试验相同,故不再累述。

各类沥青当量脆点及塑性温度范围　　表 3-12

指　　标	SK 基质	SBS 改性	RMA1 改性	RMA2 改性	RMA3 改性	高黏沥青	橡胶沥青
$T_{1.2}$(℃)	-17.0	-16.7	-26.5	-40.3	-45.5	-21.9	-30.9
ΔT(℃)	67.2	74.3	88.2	108.6	117.7	85.6	94.1

3.3.5　黏附性能

1)黏韧性

黏韧性试验常被用来评价高黏度改性沥青的改性效果。黏韧性 T_0 是指在规定温度条件下将浸没在沥青中的金属半球从沥青中完全分离出来所需的总功,反映了沥青的抗拉伸能力和握裹能力。韧性 T_e 是沥青试样拉伸过初始峰值以后所需的功,反映了沥青的黏结力大小。

本小节按照《公路工程沥青及沥青混合料试验规程》(JTG E20—2011)操作,分别对基质沥青、SBS 改性沥青、三种 RMA 改性沥青、高黏沥青和橡胶沥青进行黏韧性试验,测试温度为 25℃,拉伸速度为 500mm/min,由计算软件直接计算曲线所包围的面积,测试结果如图 3-9 ~ 图 3-11 所示。

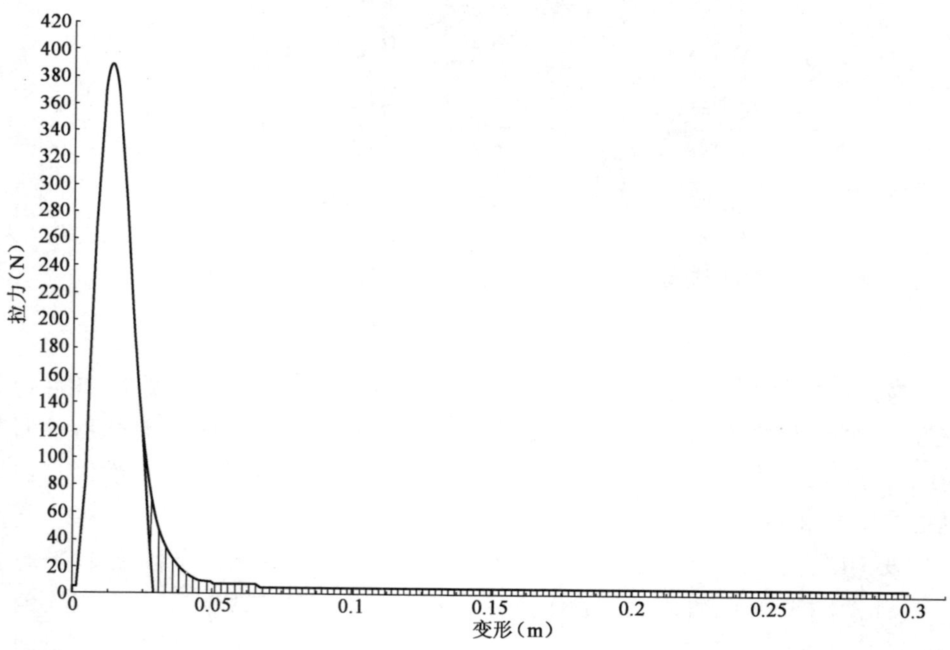

图 3-9　基质沥青黏韧性拉伸曲线

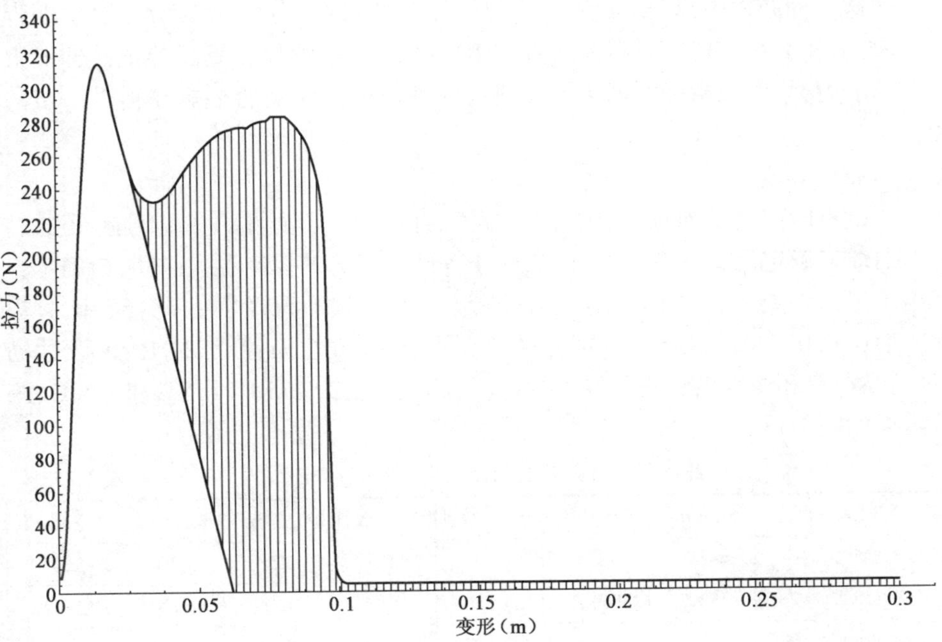

图 3-10　RMA3 改性沥青黏韧性拉伸曲线

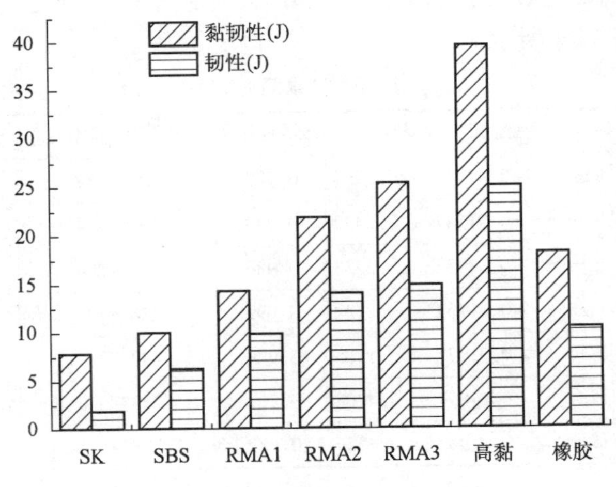

图 3-11　各种沥青黏韧性指标对比

由于《公路沥青路面施工技术规范》(JTG F40—2004)要求 SBR 改性沥青的黏韧性不小于 5J,韧性不小于 2.5J,比较可知 RMA 改性沥青具有较好的黏韧性和韧性,其性能指标随着改性剂的增加而增加,但当改性剂的掺量达到一定程度后,如 RMA2、RMA3 改性沥青,其性能指标基本趋于稳定。

在这七种沥青中，高黏沥青的黏韧性和韧性最高，分别为 RMA3 改性沥青的 1.55 倍和 1.68 倍，说明高黏沥青比 RMA3 改性沥青具有更高的抗拉伸能力和黏结能力，然而该指标对沥青混合料弯曲性能的影响是否显著还需进一步的探索。

2）布氏黏度

测试不同温度下沥青的黏度，不但可以直观地了解沥青的感温性能，还通过黏温曲线来确定沥青混合料的拌和、碾压等施工工艺的控制温度区间，为确定合理施工工艺参数提供依据。本小节按照《公路工程沥青及沥青混合料试验规程》（JTG E20—2011）操作，分别对基质沥青、SBS 改性沥青、三种 RMA 改性沥青、高黏沥青和橡胶沥青进行黏韧性试验，测试温度为 135℃、155℃和 175℃，测试结果如表 3-13 所示。

各类沥青布氏黏度测试结果（单位：mPa·s）　　表 3-13

测试温度	SK 基质	SBS 改性	RMA1 改性	RMA2 改性	RMA3 改性	高黏沥青	橡胶沥青
135℃	443.6	1325	3918	6845	7158	8930	4617
155℃	183.7	569.3	1329	3014	3266	3170	1632
175℃	89.8	308.2	595.7	1350	1532	1626	776.6

通过线性回归各种沥青的黏温关系方程，在此基础上确定合理拌和与压实温度范围，如表 3-14 所示。

各类沥青黏温回归方程　　表 3-14

沥青类型	黏温回归方程	回归系数	拌和温度范围（℃）	压实温度范围（℃）
SK 基质沥青	$\log\eta = -0.0173T + 1.9763$	0.992	158 ~ 162	144 ~ 149
SBS 改性沥青	$\log\eta = -0.0158T + 2.2432$	0.983	190 ~ 194	174 ~ 180
RMA1 改性沥青	$\log\eta = -0.0205T + 3.3338$	0.986	200 ~ 204	188 ~ 193
RMA2 改性沥青	$\log\eta = -0.0176T + 3.2137$	0.999	226 ~ 229	211 ~ 216
RMA3 改性沥青	$\log\eta = -0.0167T + 3.1125$	0.999	232 ~ 235	216 ~ 222
高黏沥青	$\log\eta = -0.0185T + 3.4208$	0.969	229 ~ 232	216 ~ 222
橡胶沥青	$\log\eta = -0.0194T + 3.2556$	0.982	208 ~ 211	195 ~ 200

从表 3-14 可知，除基质沥青外，其余改性沥青采用该规范的方法确定温度范围均明显偏高，因而应通过工程实践进一步确定。计算得到的 RMA3 改性沥青与高黏沥青的适宜拌和和压实温度比较接近，且用于排水沥青路面的高黏沥青目前施工技术较为成熟，故本书推荐采用与高黏沥青相同的拌和和压实温度进行施工，即拌和温度范围为 170 ~ 180℃，压实温度范围为 160 ~ 165℃。

3.4　可卷曲专用沥青胶结料流变性能研究

3.4.1　PG 高温分级

由于沥青材料的感温特性,其黏弹性能会随着温度的升高或降低而产生较大的变化,高温状态下,沥青的复数剪切弹性模量 G^* 降低,相位角 δ 升高。在复数剪切弹性模量 G^* 相同的条件下,相位角 δ 越大,表明在荷载作用下该材料的变形不可恢复的黏性成分越大,越容易产生永久变形。抗车辙因子 $G^*/\sin\delta$ 值越大,沥青在高温时的流动变形越小,抗车辙能力越强。SHRP 规范规定原样沥青的 $G^*/\sin\delta \geq 1.0$kPa,RTFOT 残留沥青的 $G^*/\sin\delta \geq 2.2$kPa。

对九种沥青进行 DSR 试验,采用 ϕ25mm 的平行板,样品厚度为 1mm,以 10rad/s 的固定角速率进行动态剪切,根据软化点的测试结果,确定相应的起始测试温度,试验结果如表 3-15 所示。

DSR 试验结果　　表 3-15

沥青类型	原样沥青 $G^*/\sin\delta$ (kPa)					RTFOT 残留物 $G^*/\sin\delta$ (kPa)					PG 高温等级
	64℃	70℃	76℃	82℃	88℃	64℃	70℃	76℃	82℃	88℃	
SK 基质	1.05	0.52	—	—	—	2.99	1.37	—	—	—	64
秦皇岛 SBS	2.39	1.33	0.82	—	—	4.68	3.73	1.98	—	—	70
RMA1	—	4.92	3.74	2.89	2.21	—	6.43	4.51	3.27	2.40	88 +
RMA2	—	8.44	6.77	5.40	4.07	—	11.06	7.68	5.35	3.85	88 +
RMA3	—	14.60	13.01	12.38	10.46	—	16.00	12.83	10.73	9.14	88 +
高黏 1	—	8.12	5.18	3.48	2.51	—	7.02	4.50	3.02	2.11	82
高黏 2	—	12.58	8.22	5.65	4.21	—	12.76	8.07	5.14	3.31	88 +
橡胶 1	—	4.76	3.09	2.05	1.38	—	6.69	4.10	2.51	1.55	82
橡胶 2	2.68	1.55	0.96	—	—	4.57	3.05	2.02	—	—	70

从试验结果来看,随着改性剂含量的增加,专用改性沥青的高温等级不断升高,当改性剂的含量达到某一临界值时,改性沥青的高温性能会有明显提升;三种改性沥青高温等级的排序为:专用改性沥青 > 高黏沥青 > 橡胶沥青。其中 RMA3 的高温性能最好,试验温度达到 100℃时,沥青老化前后的 $G^*/\sin\delta$ 仍能

达到 3.15 和 4.37；RMA2 和高黏沥青 2 的高温等级相同，仅次于 RMA3。

从老化后的 $G^*/\sin\delta$ 可知，RMA2 沥青的高温性能略好于高黏沥青 2，这与常规指标软化点的评价结果不一致；RMA1 与高黏沥青 1 老化前的高温等级相同，但老化后 RB2 的高温等级更高。

三种 RMA 改性沥青的高温等级均高于 82，但由于路面温度基本不会达到 82℃以上，SHRP 没有再定义更高的温度等级，故暂将这几种沥青的高温等级定义为 88 + 。

3.4.2 零剪切黏度

研究人员在使用过程中发现，PG 分级中的抗车辙因子指标与改性沥青混合料的抗车辙性能相关性较差，而零剪切黏度 ZSV 指标与改性沥青和非改性沥青混合料的高温性能之间存在着密切的联系。欧洲许多国家和地区采用零剪切黏度作为评价沥青高温性能的指标。

零剪切黏度 ZSV 是剪切速率趋近于零时黏度的渐近值，由于它对沥青中的高分子添加剂比较敏感，因此可以用来评价改性沥青的和基质沥青的性能。确定 ZSV 常用的方法是通过利用蠕变或蠕变回复试验或动态频率扫描试验获得 ZSV。蠕变试验达到稳定流动状态时的黏度可作为零剪切黏度 ZSV，然而试验达到该状态时所需时间较长，故本书拟通过 DSR 试验的频率扫描加载模式来获取 ZSV。在频率扫描范围 0.01 ~ 100Hz、应变水平 1% 的条件下，对上述几组沥青进行频率扫描试验，频率扫描结果如图 3-12、图 3-13 所示。

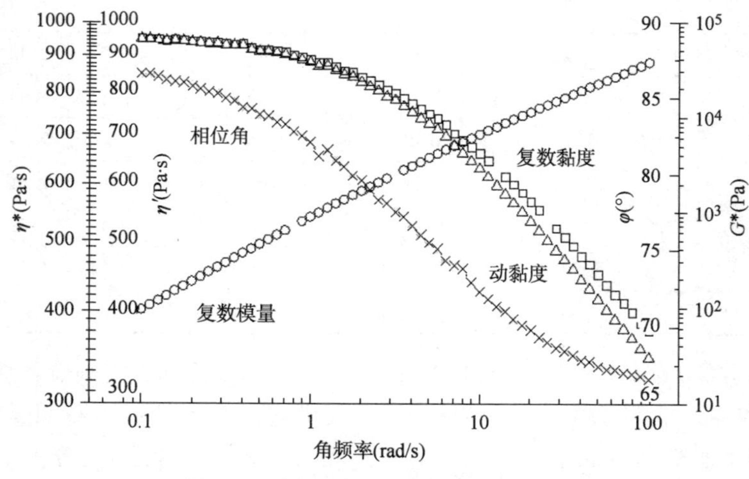

图 3-12　改性沥青 RMA1 的 60℃频扫结果

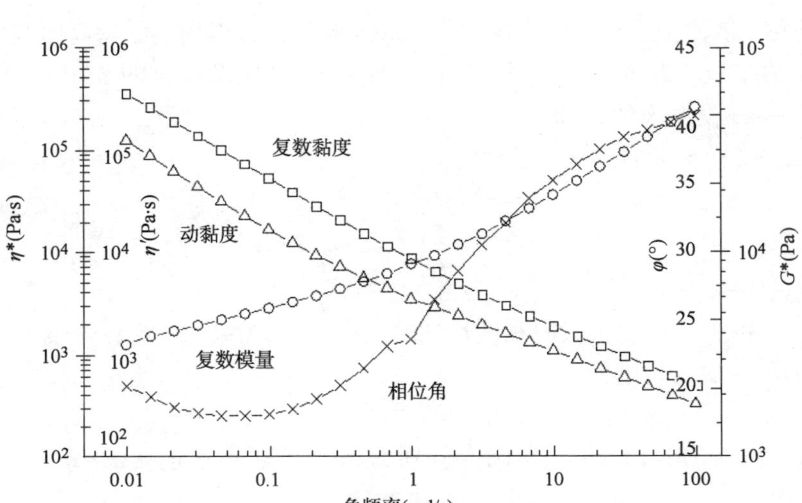

图 3-13 改性沥青 RMA3 的 60℃频扫结果

对比图 3-12 和图 3-13 可知，RMA1 的黏度随着频率的降低很快达到了稳定，在 0.1 ~0.5rad/s 范围内表现出了牛顿流特性，说明该沥青的零剪切黏度测定比较容易实现；RMA3 的黏度并未随着频率的降低而趋于稳定，即便在 0.01rad/s的频率下，其黏度仍处于单调上升趋势，说明该沥青在此试验频率范围内下无法获得零剪切黏度。

振动黏度 η'表征了由沥青的黏性抵抗造成的能量损失是复数黏度 η^* 的分量。RMA1 的振动黏度和复数黏度在大部分试验频率范围内非常接近，说明在此温度下，沥青的变形几乎都是不可恢复的黏性部分。从相位角也可以看出这点，低频下相位角为 85°左右，说明此刻沥青的黏性组成是主要部分，当频率增大时，弹性组成逐步提高。RMA3 的振动黏度始终小于复数黏度，表明该沥青在 60℃时弹性成分占有一定比例。相位角在频率范围 0.1 ~ 10rad/s 内随着频率的减小而减小，在 0.01 ~0.1rad/s 范围内随着频率的减小开始逐步升高，从数值来看，相位角始终小于 45°，说明弹性响应的比例一直大于黏性响应。从振动黏度和相位角的变化趋势表明，仅通过 DSR 降低频率很难使该沥青得到稳定的零剪切黏度。

综上，在低频率条件下，改性剂含量的增加会导致改性沥青的黏度的显著提高，RMA3 的黏度比 RMA1 高了 2 个数量级，且在 0.01 ~0.1rad/s 范围内很难达到 ZSV 黏度状态，故采用文献中提到的流变学四参数模型来计算 ZSV，常用的模型有 Cross 模型和 Carreau 模型。张肖宁教授对比 Cross 模型、Carreau 模型、蠕变试验和离散谱拟合得到的 ZSV,发现 Cross 模型拟合得到的结果高出其他模型 2 ~3 个数量级。此外,Elbirli 和 Shaw 比较了 15 种模型拟合的 ZSV 结果,推荐采用 Carreau 模型来计算 ZSV。

Carreau 模型的表达式为:

$$\frac{\eta-\eta_{\infty}}{\eta_0-\eta_{\infty}}=\frac{1}{[1+(k\omega)^2]^{\frac{n}{2}}} \tag{3-4}$$

式中:η_0——零剪切黏度 ZSV,称为第一牛顿区黏度;

η_{∞}——剪切速率很大时黏度达到的最小值,称为第二牛顿区黏度;

ω——剪切频率;

n、k——无量纲和具有时间量纲的常量。

由于在 0.01 ~100rad/s 范围内得到的黏度可假设为 $\eta_0 \gg \eta \gg \eta_{\infty}$,式(3-4)可简化为:

$$\eta=\frac{\eta_0}{[1+(k\omega)^2]^{\frac{n}{2}}} \tag{3-5}$$

将 3.4.1 节中的七组沥青的 60℃ 频率扫描结果按照 Carreau 模型进行拟合,拟合得到的 ZSV 结果列于表 3-16,进而得到图 3-14。

Carreau 模型拟合结果 表 3-16

沥青类型	ZSV(Pa·s)	k/s	n	相关系数
SK 基质	2.35×10^2	0.240	0.061	0.992
秦皇岛 SBS 改性	9.33×10^2	0.547	0.215	0.996
RMA1 改性	3.48×10^6	56231	0.632	0.995
RMA2 改性	6.38×10^6	187425.5	0.643	0.999
RMA3 改性	2.89×10^7	17492.7	0.676	0.999
高黏沥青	7.48×10^4	104.14	0.478	0.998
橡胶沥青	1.78×10^4	124.62	0.447	0.999
复合改性沥青	2.73×10^6	25899	0.588	0.997

由表 3-16 和图 3-14 可知,沥青的复合黏度随着频率的增加而减小,表现出较为明显的非牛顿流特性。其中基质沥青和 SBS 改性沥青在低频下趋近于某一值,出现了明显的平台区,而聚合物含量较高的改性沥青这一趋势并不明显。随着改性剂 SBS/HDA 掺量的增加,RMA 改性沥青的黏度也随之增加,在低频区三种 RMA 改性沥青差别较大,随着频率的增加三者之间的差异逐渐减小。

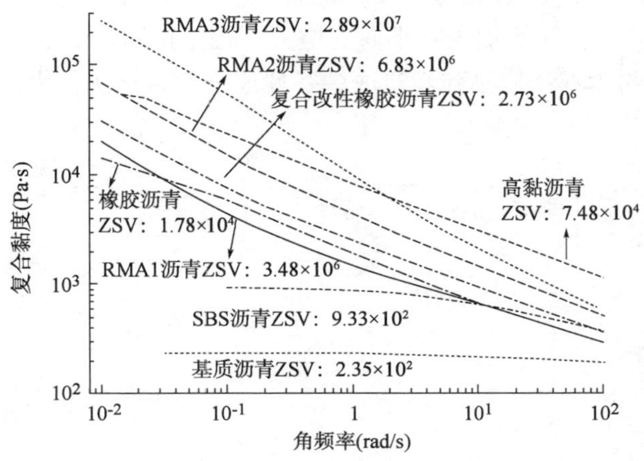

图3-14　多种沥青60℃频率扫描结果对比图

3.4.3　频率扫描

沥青材料在不同温度和加载频率作用下所表现出来的动态力学特性差异较大。当温度一定时，随着频率的增加，沥青材料分别经历了橡胶态、黏弹态和玻璃态三个阶段。其中，低频条件下，外力的作用频率远远小于材料内部运动单元的松弛时间的倒数，即 $\omega \ll \tau^{-1}$，此时运动单元的运动完全跟得上应力的变化，储能模量 E' 和损耗模量 E'' 与均较小，且不随着频率的变化，称之为橡胶态。高频条件下，沥青材料内部运动单元的运动完全跟不上应力的变化，即 $\omega \gg \tau^{-1}$，此时材料表现为玻璃态的力学行为，储能模量 E' 较大并趋近于一稳定值，而损耗模量 E'' 依旧较小。介于橡胶态和玻璃态两个阶段之间的黏弹态，是在实际路面结构使用过程中，沥青材料最常遇到的形态。此时沥青材料内部高分子链运动的松弛时间与荷载频率相匹配，表现为黏弹态的力学行为，即储能模量 E' 随着频率的增加而单调增加，损耗模量 E'' 与损耗因子 $\tan\delta$ 随着频率的增加先增加而后降低。

1）试验测试

利用DSR设备对上述几种沥青在较宽和温度和荷载频率范围内进行试验，试验条件为：分别在30℃、40℃、50℃、60℃、70℃和80℃温度下进行0.1～10rad/s范围内的频率扫描，使用25mm转子，转子与平板间的间距为1mm，应变控制在1%。各种沥青的试验测试曲线如图3-15～图3-17所示。

从图3-15可知，RMA3改性沥青的复数模量模量 G^* 随加载频率的增加而增加，随着温度的升高而降低。相位角的变化规律相对较为复杂，当温度为

30℃、50℃时,相位角 δ 随加载频率的增加而增加,而当温度升到 70℃、80℃时,相位角 δ 随加载频率的增加先减小而后增大。相位角 δ 在整个变化区间内均小于 45°,说明材料内部结构黏弹性组成中弹性成分所占比例较大。

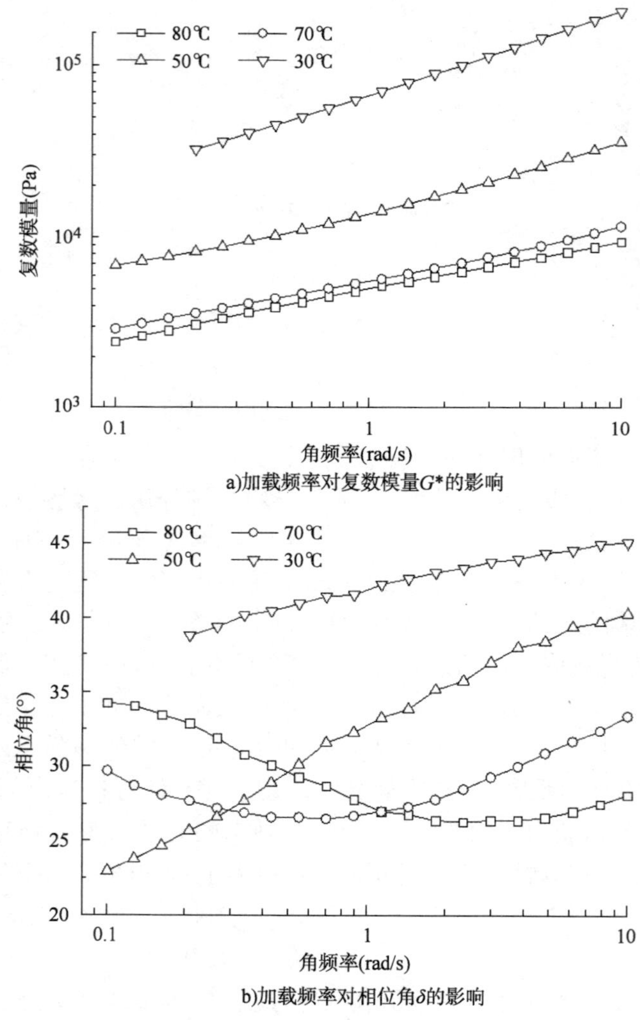

图 3-15　RMA3 改性沥青在不同温度下的频率扫描曲线

不同复合改性剂 SBS/HDA 掺量的 RMA 改性沥青在 60℃下的频扫曲线如图 3-16 所示,从中可以看出,复数模量 G^* 随着改性剂掺量的增加而增加,在扫描频率范围内 RMA 改性沥青的 G^*-ω 曲线斜率低于基质沥青,且随着改性剂掺量的增加,G^*-ω 曲线斜率越小,说明 RMA 改性沥青受荷载作用频率的影响较小。复合改性剂 SBS/HDA 的掺入使得沥青内部结构黏弹性组成中弹性成分明显增大,相位角 δ 随着改性剂掺量的增加而整体减小。RMA 改性沥青相位角在扫描频率范围内不是单调变化的,RMA 改性沥青相位角曲线出现极大值所对应的时间随着改性剂掺量的增加而增大。对比三种 RMA 改性沥青相位角曲线可发现,RMA1 和 RMA2 改性沥青的微观内部结构与 RMA3 区别较大,产生该现象的原因为高聚合物改性剂的掺量较高,材料内部发生了相变反转。

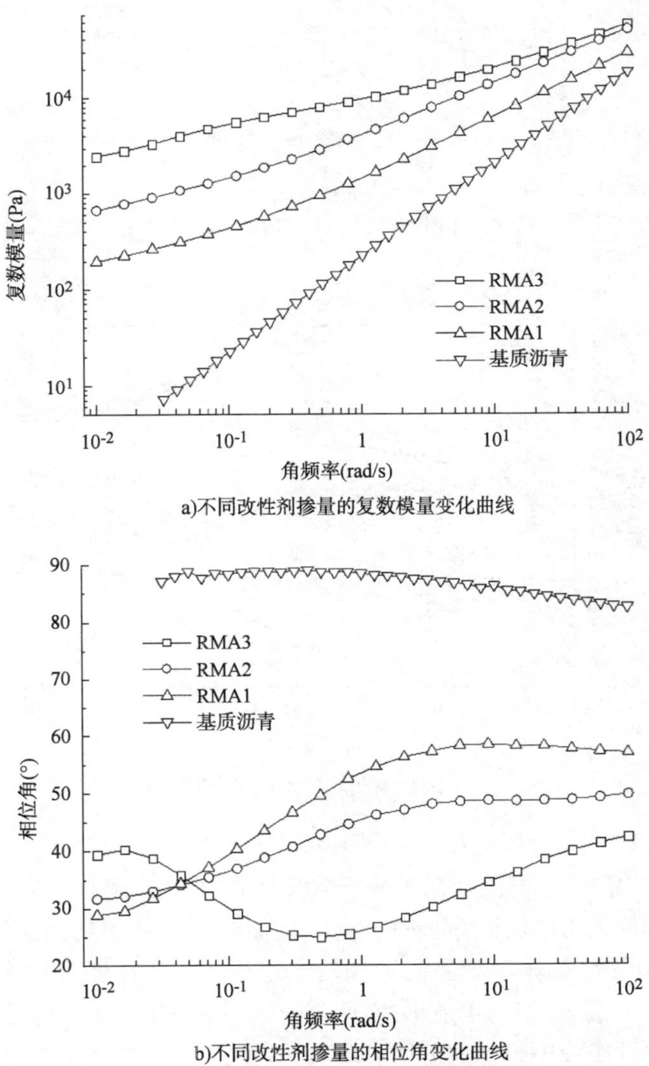

a)不同改性剂掺量的复数模量变化曲线

b)不同改性剂掺量的相位角变化曲线

图 3-16 60℃下不同改性剂掺量的 RMA 改性沥青频率扫描曲线

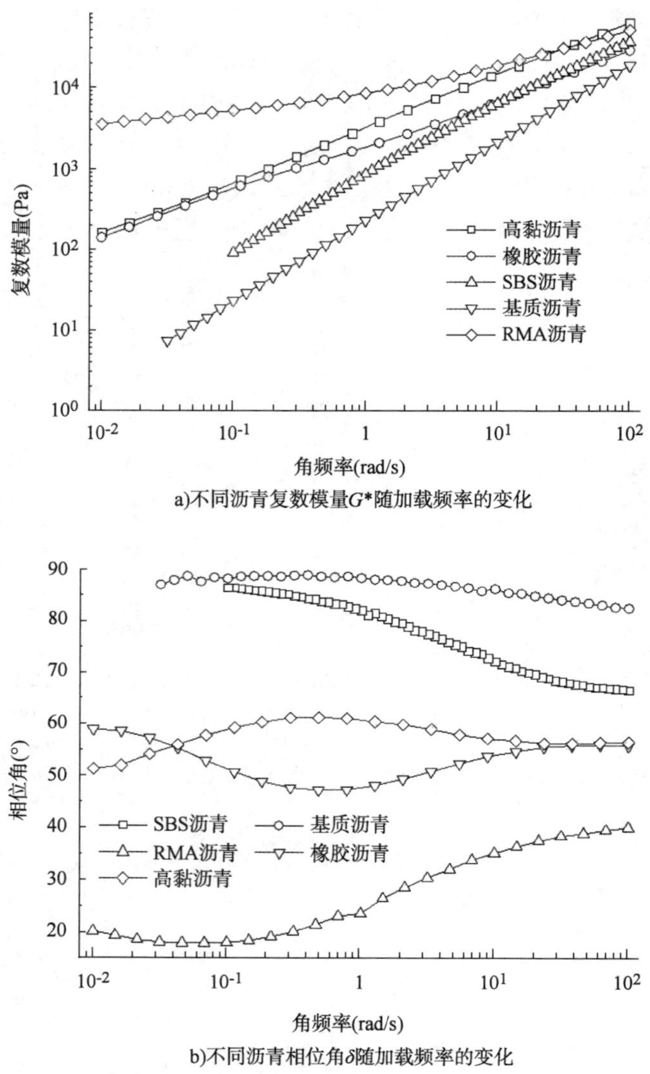

a)不同沥青复数模量G^*随加载频率的变化

b)不同沥青相位角δ随加载频率的变化

图 3-17　60℃下不同沥青的频率扫描曲线

从图 3-17 可知，不同改性沥青的复数模量 G^* 随着荷载频率的增加而增加，在扫描频率范围内 RMA 改性沥青的 $\lg G^*$-ω 曲线斜率低于其他改性沥青，说明 RMA 改性沥青受荷载作用频率的影响较小。与其他改性沥青相比，RMA 改性沥青的复数模量最大，相位角最小，表明复合改性剂 SBS/HDA 的掺入使得沥青内部结构黏弹性组成中弹性成分明显增大，该沥青在 60℃ 高温下具有较强的抗变形能力。

2)模量主曲线

由于试验条件受限,无法准确地对沥青材料进行宽频扫描,因而需要通过时温等效的方法将不同温度下沥青的频率扫描结果进行动态力学频率谱的合成。时温等效原理是指时间和温度对黏弹材料的力学松弛过程的影响具有某种等效的作用,这个等效可以借助于移位因子 $\lg\alpha_T$ 来实现,即将某一温度下的力学数据转换成为某一温度下的力学数据。将短时间内测得的有限数据通过移位得到一条主曲线,在较宽的时间刻度上,可从中推算出在最终使用的温度下所显示出来的属性。

将各温度下的数据位移到参照温度下的主曲线所需沿 X 轴方向移位量通常是使用 WLF 公式和 Arrhenius 公式实现的,由于 Arrhenius 公式更多地用于沥青及沥青混合料低温问题的研究,因而本节采用 WLF 公式进行移位因子的计算,公式为:

$$\lg\alpha_T = \frac{-C_1(T-T_0)}{C_2+(T-T_0)} \tag{3-6}$$

式中:C_1、C_2——经验常数;

T——测试温度(℃);

T_0——基准温度(℃)。

根据时温等效原理利用最小二乘法进行非线性拟合,得到各试验温度测试曲线平移至参考温度黏弹函数主曲线的移位因子。以30℃为基准温度,不同沥青移位因子计算结果见表3-17,4 种沥青不同温度下的剪切复数模量主曲线族见图3-18~图3-21。

移位因子计算结果　　表3-17

沥青类型	温度(℃)					
	30	40	50	60	70	80
基质沥青	0	-0.863	-1.747	-2.359	-2.918	-3.432
RMA1	0	-0.922	-1.680	-2.327	-2.891	-3.392
RMA2	0	-0.913	-1.665	-2.343	-2.972	-3.456
RMA3	0	-0.858	-1.577	-2.016	-2.882	-3.087

由图3-18~图3-21 可知:

(1)对应同种沥青来说,不同温度下的主曲线形状是一样的,除 RMA3 外,随着测试温度的升高，在相同温度间隔之间的主曲线的距离不断减少，表明在高温时沥青黏弹性能变化的敏感度降低。

(2)同一沥青不同温度下的主曲线两端极值是等同的，说明沥青黏弹性能的极值不受温度的影响。

(3)随着改性剂的掺入，RMA 改性沥青在低频下的复数模量 G^* 较基质沥青有明显的提高，低频与高温是等效的，说明复合改性剂 SBS/HDA 的掺入对沥青的高温性能有了极大的改善。

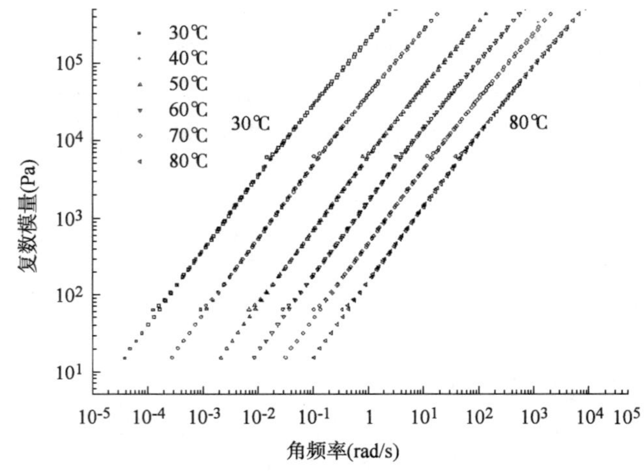

图 3-18　基质沥青的复数模量主曲线族

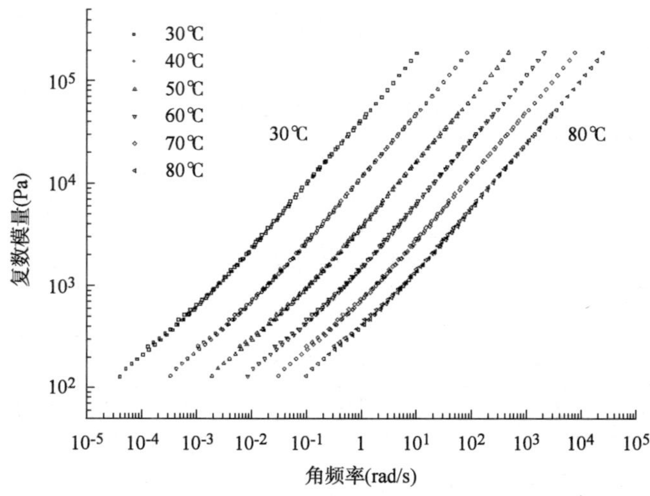

图 3-19　RMA1 改性沥青的复数模量主曲线族

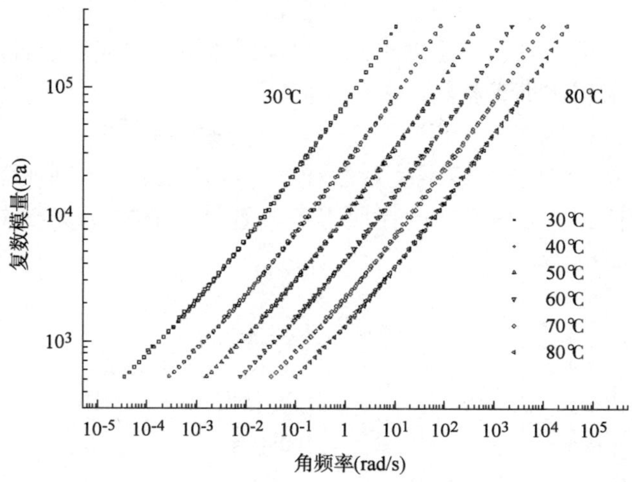

图 3-20　RMA2 改性沥青的复数模量主曲线族

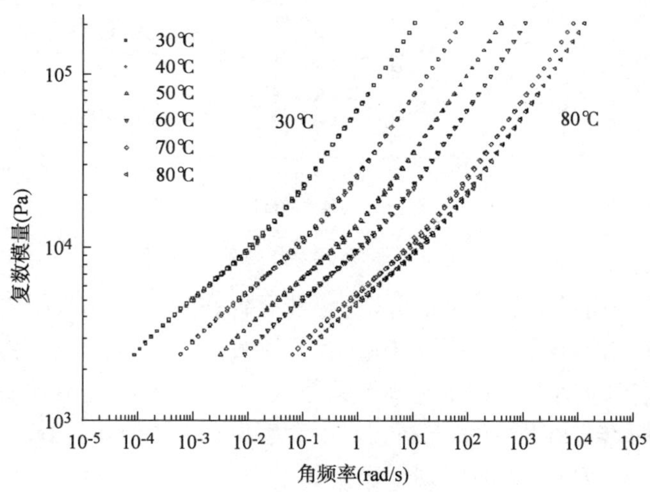

图 3-21　RMA3 改性沥青的复数模量主曲线族

(4)同时 RMA 改性沥青在高频下的复数模量 G^* 低于基质沥青，根据高频与低温相等效的原因，说明 RMA 在低温条件下具有较好的变形能力，且随着改性剂掺量的增加，趋势愈加明显。

3)松弛时间

松弛时间是指材料在受到荷载的作用下发生变形，当除去荷载后材料能够恢复到正常状态所需的时间，松弛时间越小，说明材料性能恢复能力越强。频率谱上损耗因子的极大值的物理意义,即施加的荷载频率与材料松弛时间的倒数最相匹配点对应的材料内部运动单元运动消耗能量所对应的位置。通过损耗因子极大值可近似得出沥青材料的松弛时间。

将上述不同改性沥青在测试温度为60℃、扫描频率范围为0.01～100rad/s条件下得到的损耗因子与频率关系曲线绘于图3-22,由于基质沥青和秦皇岛SBS改性沥青比其他改性沥青的耗散因子数值大一个数量级,为较好地显示曲线的变化趋势,采用双对数坐标系进行作图。

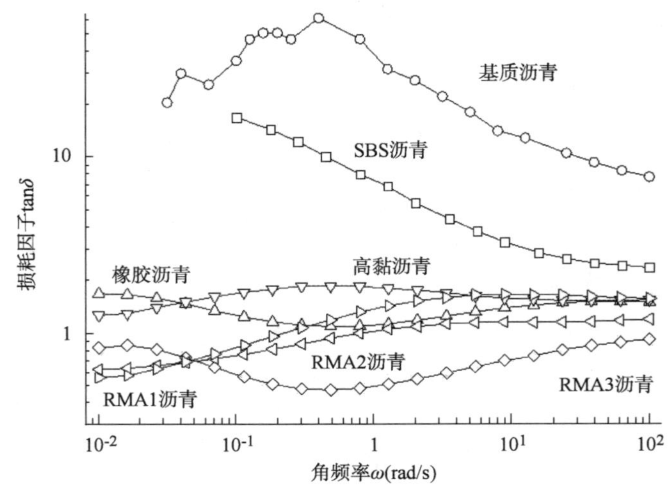

图3-22　不同沥青耗散因子频率谱对比图

由上述测试得到的复数模量可知,各种沥青在频率扫描范围内均处于黏弹性区间。图3-22比较了不同沥青耗散因子频率谱,从中可以看出,基质沥青和秦皇岛SBS改性沥青耗散因子远高于其他改性沥青,说明这两种沥青内部运动单元运动的难度较大,能力消耗高,弹性行为不足。各种沥青60℃下的损耗因子极大值点所对应的松弛时间列于表3-18。

各种沥青的松弛时间　　表3-18

沥青类型	RMA3 沥青	RMA2 沥青	RMA1 沥青	高黏沥青	橡胶沥青	SBS 沥青	基质沥青
tanδ 极大值点对应角频率(rad/s)	100	100	8.86	0.483	61.6	0.112	0.398
松弛时间(s)	0.06	0.06	0.70	12.80	0.10	55.18	15.53

从上表可以发现,与基质沥青相比,复合改性剂 SBS/HDA 的添加极大地缩短了 RMA 改性沥青的松弛时间,随着复合改性剂 SBS/HDA 掺量的增加,RMA 改性沥青的松弛时间迅速减少。其他沥青中只有橡胶沥青的松弛时间与 RMA1 改性沥青的比较接近,说明 RMA 改性沥青具有优异的弹性恢复能力。

3.4.4　应力扫描

沥青材料在荷载持续增加的情况下会依次产生弹性变形和塑性变形,屈服应力定义为使沥青材料刚发生塑性变形时所对应的荷载,也是沥青材料抗变形能力的一种表征。当施加的荷载小于屈服应力时,沥青材料仅会发生弹性变形,而当荷载大于屈服应力时,沥青材料便会发生流动,且会持续发生形变。因而对沥青材料的屈服变形性能的研究对于可卷曲沥青路面专用改性沥青的研发、推广和应用具有重要的实际意义。目前流变学关于屈服测定的方法主要有应力扫描法、应变扫描法、蠕变试验和流动曲线法等,本节利用 DSR 对上述沥青分别进行应力扫描试验来评价专用改性沥青的屈服变形特性。

振荡应力扫描试验可以得到两个参数,即临界屈服应力和线性黏弹性区间。临界屈服应力作为剪切状态下材料结构稳定性的指标,可以评价沥青的抗变形能力。线性黏弹性区间为不损坏材料内部结构情况下半固态流体行为区间,评价沥青材料流变性能的很多试验(如温度扫描试验、频率扫描试验、PG 分级试验等)均要保证材料在此区间内进行测试。

本节采用 DSR 设备对上述沥青进行振荡应力扫描试验,试验条件为:测试温度为 60℃,使用 25mm 转子,转子与平板间的间距为 1mm,振荡频率为 10rad/s,应力扫描的区间为 1 ~ 10000Pa。各种沥青的试验测试曲线如图 3-23 ~ 图 3-26所示。

从图 3-23 可以看出,基质沥青在振荡应力为 1990Pa 时开始发生屈服行为,超过临界点后,由于模量发生迅速下降,相位角逐步上升,导致抗车辙因子持续降低,同时损耗因子 $\tan\delta$ 也持续增长,说明基质沥青的抗变形能力的损失。

对比图 3-23 ~ 图 3-26 可知,RMA 应力扫描曲线没有明显的稳定区和衰减区,随着振荡应力的增加,改性沥青的抗车辙因子不断下降。在 1000Pa 应力水平以下时,模量的衰减和相位角的增加幅度较小;在 1000Pa 应力水平以上时,改性沥青的相位角开始明显上升,而模量也开始迅速下降,说明这一时期改性沥青的黏弹性组成变化较大。由于 DSR 设备最大只能施加 35000Pa 荷载,RMA 在高应力区的流变行为仅能通过图 3-24 进行探索。

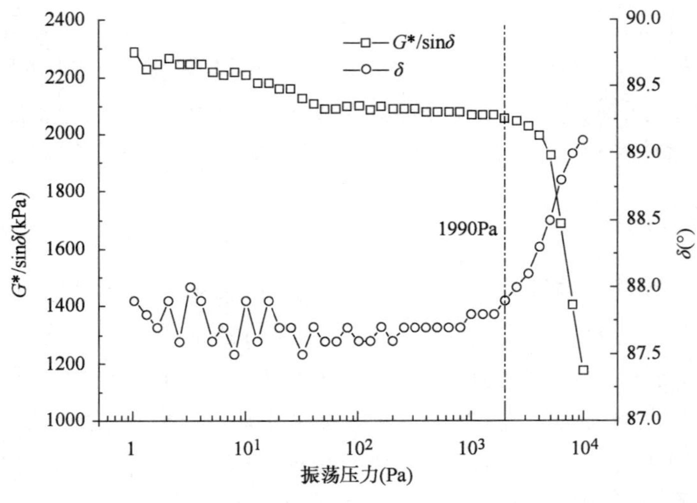

图 3-23　基质沥青应力扫描曲线

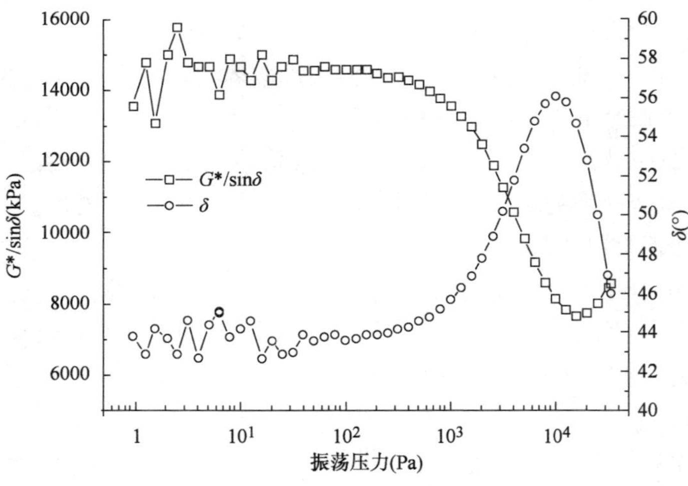

图 3-24　RMA1 改性沥青应力扫描曲线

RMA1 模量并没有随着应力的增加而一直下降，而是在 16000 ~ 20000Pa 范围内达到最低值后开始上升，相应的相位角也出现了转折点，并且相位角的转折点早于抗车辙因子的转折点出现。此外，沥青的相位角受温度和荷载的影响较大，当测试温度一定时，基质沥青在应力扫描过程中相位角增幅仅有 3°左右，而 RMA 相位角浮动范围为 10° ~ 15°。产生上述现象的原因可能与复合改性剂 SBS/HDA 自身的弹性行为有关，随着改性剂剂量的增加，相位角曲线出现转折点所对应的应力值也变大。

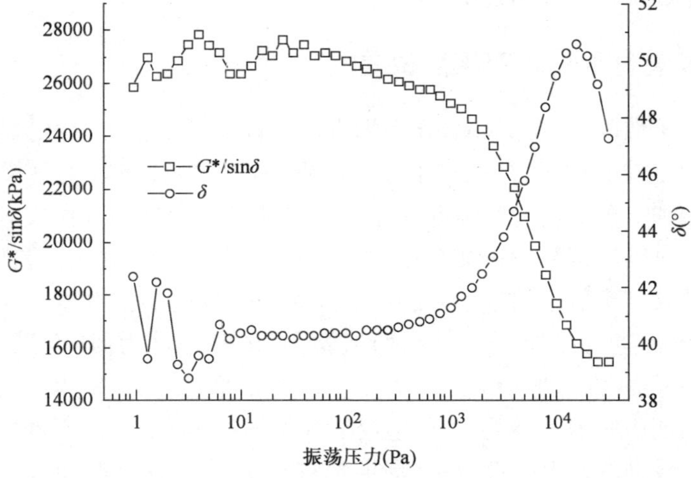

图 3-25　RMA2 改性沥青应力扫描曲线

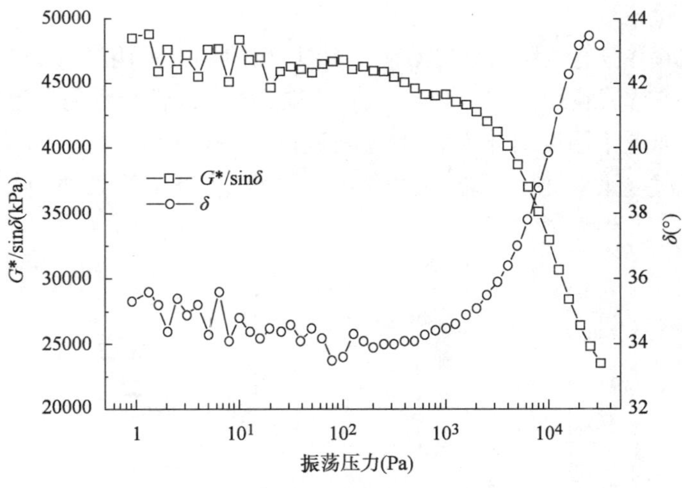

图 3-26　RMA3 改性沥青应力扫描曲线

研究表明，对于改性沥青这种非均匀混合体系而言，屈服应力很难在动态应力扫描中获得，已有研究将改性沥青相位角曲线的转折点作为动态屈服的临界点，因此三种 RMA 改性沥青的屈服应力分别为 9990Pa、15800Pa 和 25100Pa。

随着改性剂剂量的增加，改性沥青的黏弹性组成发生了较大的变化。在 1～10000Pa应力范围内 RMA2 和 RMA3 的相位角小于 45°，说明改性剂的剂量达到一定程度后，改性剂在沥青中发生了相变反转，对于开发高弹沥青来讲，也可通过该试验进行改性剂最优掺量的确定。

3.4.5 多应力重复蠕变恢复试验

对于抗车辙因子($G^*/\sin\delta$)作为沥青高温性能评价指标是在大量基质沥青试验研究的基础上建立的,但对于改性沥青的适用性存在较大争议。此外,PG分级试验的加载模式也与实际沥青路面承受荷载—变形响应模式有较大区别,而多应力重复蠕变试验(MSCR)很好地解决了这一问题,故该试验成为美国联邦公路局最新推广试验的试验方法并纳入AASHTO的试验规程。

使用DSR进行多应力重复蠕变试验,其试验条件为:连续采用100Pa和3200Pa两种应力水平进行蠕变试验,每一应力水平进行10个周期的重复加载,其中每个周期历时10s,分为1s的蠕变加载阶段和9s的变形恢复阶段。针对改性沥青具有较高的延迟弹性,每个周期都有9s的变形恢复时间,这样可以比较全面地考虑改性沥青的抗高温变形能力。以蠕变恢复率和不可回复柔量来作为该试验的评价指标。

本次试验并没有按照AASHTOTP70-10规程的要求采用沥青PG分级的高温等级温度来进行试验,由3.4.1小节试验可知,RMA改性沥青的高温等级温度在100℃以上,而这个温度对于路面工程来说没有任何指导意义,因此,本节仅在60℃下进行试验来对比不同沥青的蠕变回复性能,测试结果如图3-27、图3-28所示。

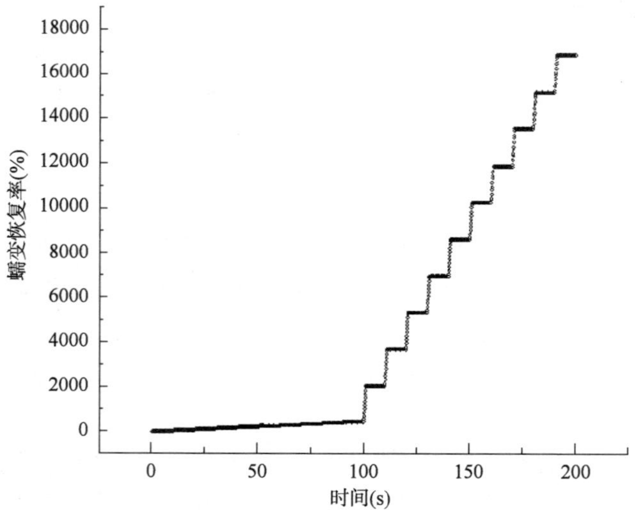

图3-27 中海70号基质沥青MSCR试验曲线

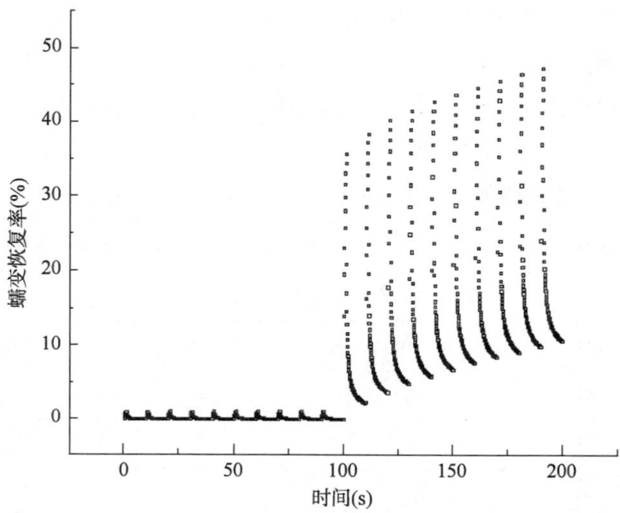

图 3-28　RMA3 改性沥青 MSCR 试验曲线

对比图 3-27 与图 3-28 可知，两种沥青在 60℃下的 MSCR 试验曲线呈现不同的形状。对于基质沥青，蠕变总形变量较大，蠕变试验中应变同一应力水平下与时间近似呈正比线性关系，在恢复阶段几乎没有弹性分量的复原。

基质沥青在 MSCR 试验中整体表现为一种塑性流动变形的过程，这与该沥青 60℃的相位角过大、接近黏流体有关。对于 RMA3 改性沥青，由于复合改性剂 SBS/HDA 的掺入，恢复阶段能够迅速地恢复形变，表现出了优异的弹性恢复性能。随着加载重复次数的增加，沥青的残余变形逐渐减少，蠕变变形随时间呈非线性关系，且总形变量较小，尤其是在低应力下，总蠕变形变量可以忽略。与基质沥青相比，RMA3 具有更为突出的弹性恢复能力和抗变形能力。

1）蠕变恢复率

蠕变恢复率是 MSCR 试验在研究早期的一个性能指标，它反映了每个应力水平下经过 10 次蠕变恢复循环后的评价恢复变形量。每个蠕变周期内的恢复率计算公式如下：

$$R = \frac{\gamma_p - \gamma_{nr}}{\gamma_p - \gamma_0} \tag{3-7}$$

式中：γ_p——每个周期内的峰值应变；

γ_{nr}——每个周期内的残留应变；

γ_0——每个周期内的初始应变。

按照上式计算每个蠕变周期内的恢复率 R，取 10 个周期的平均值可分别得到每个应力水平下的恢复率 $R_{0.1}$ 和 $R_{3.2}$。因此，可根据不同沥青的测试时间和蠕变累计形变量的对应关系，计算相应的蠕变恢复率和不可恢复柔量，计算结果列于表 3-19。

不同沥青 MSCR 试验蠕变回复率和不可回复柔量 表 3-19

沥青类型	基质沥青	RMA1	RMA2	RMA3	高黏沥青	橡胶沥青
回复率 $R_{0.1}$(%)	1.96	74.67	94.65	99.71	80.63	88.54
回复率 $R_{3.2}$(%)	-4.59	42.29	54.35	97.09	70.42	83.23
蠕变柔量 $J_{nr0.1}$(kPa^{-1})	475.00	13.70	1.60	0.03	6.53	5.1
蠕变柔量 $J_{nr3.2}$(kPa^{-1})	510.57	45.35	17.17	0.46	10.89	8.99

由表 3-19 可知，RMA 在每次蠕变应力作用下产生的峰值应变 γ_p 明显减小，而恢复弹性变形增大显著，从而减小了沥青的永久变形，表明复合改性剂 SBS/HDA 的掺入对沥青有加劲和增弹的作用，这对于沥青的高温路用性能有较大的改善。由于 RMA2、RMA3 的高温等级较常规 SBS 改性沥青的要高，且远超过路面正常使用下的温度高温极值，探索它们在各自高温等级下的蠕变恢复情况没有实际意义。

在低应力水平下，RMA2、RMA3 的恢复率 $R_{0.1}$ 均达到了 90% 以上，当应力水平增大，对 RMA2 蠕变恢复率影响较大，但对于 RMA3 影响较小，依旧保持在 95% 以上的蠕变恢复率，说明在该试验温度和应力水平下，RMA3 改性沥青呈现出了极为优异的弹性特性，黏性成分作用影响极小，可以忽略。

2）蠕变柔量

AASHTO TP70 中将蠕变柔量 J_{nr} 作为沥青胶结料的高温评价指标来表征沥青的抗车辙性能，蠕变柔量的计算公式如下：

$$J_{nr} = \frac{\gamma_{nr}}{\tau} \tag{3-8}$$

按照上式计算每个蠕变周期内的蠕变柔量 J_{nr}，取 10 个周期的平均值可分别得到每个应力水平下的回复率 $J_{nr0.1}$ 和 $J_{nr3.2}$。

根据表 3-19，以 RMA3 改性沥青为基准，其他沥青与 RMA3 改性沥青各应力水平下的蠕变柔量比值列于图 3-29。从中可以看出，RMA3 在各应力下的蠕变柔量较其他改性沥青要小1~2个数量级,较基质沥青小4个数量级,其中在低应力作用下的差距更加明显,说明在该试验温度下,RMA3呈现出极高的弹性,即便是在高应力作用下,黏性特性也表现得不显著,可以认为RMA3改性沥青在60℃下具有极高的抗变形能力。

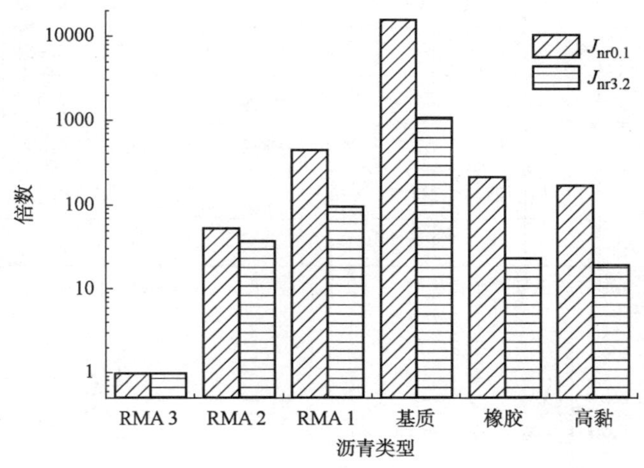

图3-29　各种沥青蠕变柔量比值

应力水平对沥青的蠕变柔量的影响较大,RMA1、基质沥青、高黏沥青和橡胶沥青的 $J_{nr3.2}/J_{nr0.1}$ 比值均在1~3之间,而RMA2、RMA3的蠕变柔量比值在10~16之间,产生该现象的原因是因为复合改性剂SBS/HDA的掺入使得沥青"变弹",如RMA3在低应力下几乎没有黏性变形,因而在高应力下,即便产生很小的黏性变形,其蠕变柔量的比值也会很高。

3.4.6　低温弯曲蠕变试验

美国SHRP沥青技术规范提出采用沥青结合料的弯曲梁流变试验(BBR)测试和评价沥青在低温状态和固定荷载压力下的流变与应力松弛特性。通过试验得到沥青的劲度模量 S 值和 m 值,其中劲度模量 S 值表征沥青抗永久变形的能力,m 值表征荷载作用时沥青劲度的变化率。SHRP的研究认为,在低温条件下,如果沥青的弯曲蠕变劲度模量 S 值较大,m 值较小,路面容易发生低温开裂,故要求 S 值不超过300MPa,m 值应不小于0.3。采用ATS公司生产BBR试验仪对上述几种沥青进行低温弯曲蠕变试验,测试结果如表3-20及图3-30、图3-31所示。

不同类型沥青的 **BBR** 测试结果　　　表 3-20

指　　标	蠕变劲度模量 S(MPa)					劲度变化率 m 值				
试验温度(℃)	-12	-18	-24	-30	-36	-12	-18	-24	-30	-36
SK 基质沥青	135.7	209.8	~~544.9~~	—	—	0.373	0.341	0.303	—	—
SBS 改性沥青	75.5	251.1	~~432.3~~	—	—	0.441	0.313	~~0.277~~	—	—
RMA1	44.2	76.5	~~425.7~~	—	—	0.370	0.344	~~0.264~~	—	—
RMA2	/	52.5	84.3	235.9	~~443.6~~	/	0.391	0.377	0.329	~~0.296~~
RMA3	/	33.5	57.7	98.8	~~428.2~~	/	0.374	0.349	0.373	0.309
高黏沥青	61.2	129.1	241.2	~~479.6~~	—	0.381	0.317	0.328	~~0.276~~	—
橡胶沥青	/	71.7	204.3	314.7	—	/	0.356	0.317	~~0.291~~	—

注:/表示沥青变形过大而导致试验失败;—表示沥青不满足 SHRP 指标而导致试验失败。

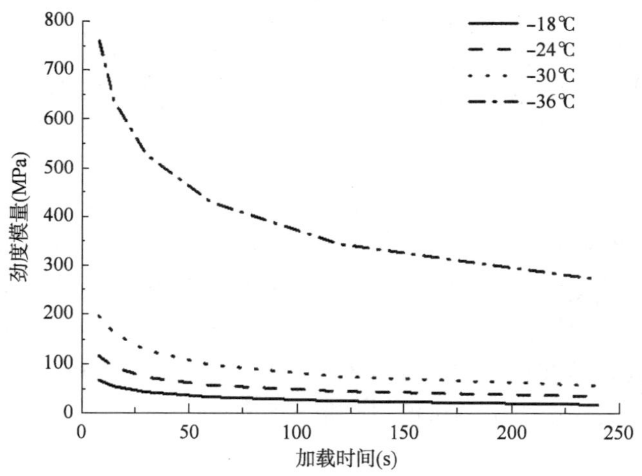

图 3-30　RMA3 改性沥青不同温度的劲度模量

表 3-22 给出了每种沥青在不同试验温度下加载 60s 所对应的劲度模量 S 值和 m 值,其中当弯曲蠕变劲度模量 $S>300$MPa 或 m 值应大于 0.3 而时意味着试验失败。从中可知:虽然复合改性剂 SBS/HDA 的添加可以提高沥青的低温等级,但掺量达到某一值后,沥青 BBR 试验失败温度将不会再随着改性剂掺量的增大而降低;虽然改性沥青失败温度低于 -24℃后对实际应用的影响不大,但对于大多数沥青来讲,低温蠕变性能较好的沥青同样具备较为突出的常温蠕变性能。RMA2、RMA3 试验失败的温度相同,且温度最低,但二者低温等级是否一致需对沥青进行老化后才能做进一步的判断。

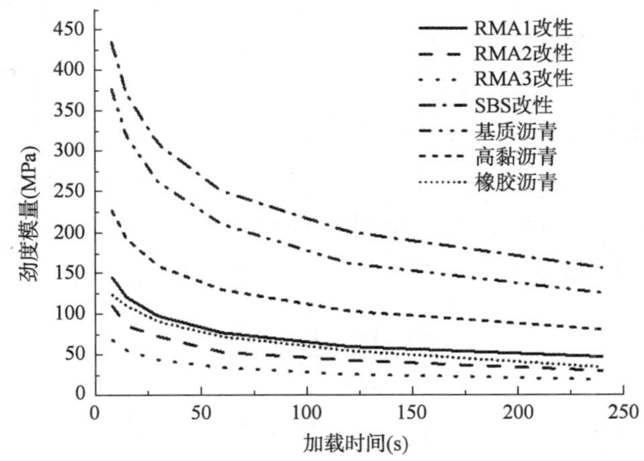

图 3-31　-18℃温度下不同沥青的劲度模量

由图 3-30 可知，沥青梁的劲度模量 S 随着加载时间的增加而逐渐减小，并趋近于某一定值。当温度从 -30℃降到 -36℃时，劲度模量骤增，表明 RMA3 在 -36 ~ -30℃范围内温度敏感性较高。图 3-31 给出了不同沥青在 -18℃条件下劲度模量随加载时间的变化趋势，RMA 改性沥青的弯曲劲度模量整体水平较低，且随着复合改性剂 SBS/HDA 的添加而逐渐降低，对比基质沥青可知改性剂对沥青低温松弛能力的提高十分显著。该温度下，沥青劲度模量大小排序为：SBS 改性沥青 > 基质沥青 > 高黏沥青 > RMA1 > 橡胶沥青 > RMA2 > RMA3。

3.5　可弯曲沥青胶结材料技术指标的提出

沥青的性能是决定沥青混合料弯曲性能的关键因素，常规性能试验和流变性能试验充分表明了 RMA 改性沥青的性能较常见改性沥青优异，但从这些试验结果来看，无法直接提炼出可卷曲沥青混合料专用改性沥青的技术指标。本节拟通过沥青混合料弯曲性能表征，对沥青的常规性能和流变性能进行关联性的对比研究，从而得出与沥青混合料弯曲性能关联度显著的沥青性能指标，并提出专用改性沥青的技术指标。

试验以六种改性沥青（SBS 改性沥青、高黏沥青、橡胶沥青及三种 RMA）为胶结料，分别制备 CQ-10 型沥青混合料小梁试件，油石比为 7%，并在 10℃下进行测试。

灰色关联分析法是依据灰色系统理论研究变量序列之间关联程度的一种数

量分析方法。作为一种系统动态趋势分析，它不要求待考察的变量分布规律和线性特征多明显，故而适用面较广，已渐成一项常用的统计关联分析方法。一般的，灰色关联分析方法的步骤如下：

(1)数据的初始化。将参考数据列记为 $X_0(t)$，被比较数据列依次记为 $X_i(t)$，$(t=1,2,3,\cdots,n;i=1,2,3,\cdots,n)$，每个数列均构成一个 n 维向量，$X_i(1)$，$X_i(2)$，$X_i(3)$，…，$X_i(n)$。然后将各数列进行初始化以消除量纲，即用每一个数列的第一个 $X_i(1)$ 除本身及其他数 $X_i(t)$。这样形成初始化数列 X_0、X_1、…、X_n：

$$X_0=\left\{1,\frac{X_0(2)}{X_0(1)},\cdots,\frac{X_0(n)}{X_0(1)}\right\} \tag{3-9}$$

$$X_1=\left\{1,\frac{X_1(2)}{X_1(1)},\cdots,\frac{X_1(n)}{X_1(1)}\right\} \tag{3-10}$$

$$X_n=\left\{1,\frac{X_n(2)}{X_n(1)},\cdots,\frac{X_n(n)}{X_n(1)}\right\} \tag{3-11}$$

(2)计算差数列。对初始化后的参考数列 $X_0(t)$ 和几个比较数列 X_1，X_2，X_3，…，X_n 求差，得到一个差序列数阵 $D_i(t)=|X_0(t)-X_i(t)|$。

(3)计算两极最小差、最大差。在差序列数阵中求两极最小差 $\min\limits_i\min\limits_t|X_0(t)-X_i(t)|$，再求两极最大差 $\max\limits_i\max\limits_t|X_0(t)-X_i(t)|$。

(4)计算关联系数。将差序列 $D_i(t)$ 代入式(3-11)即可计算关联系数 $\overline{D_i}(t)$。

$$\overline{D_i}(t)=\frac{\min\limits_i\min\limits_t|X_0(t)-X_i(t)|+\beta\max\limits_i\max\limits_t|X_0(t)-X_i(t)|}{|X_0(t)-X_i(t)|+\beta\max\limits_i\max\limits_t|X_0(t)-X_i(t)|} \tag{3-12}$$

式中：β——一个分辨系数，一般在 0~1 间取值，通常取 0.5。

由于第一步初值化后，两极最小差 $\min\limits_i\min\limits_t|X_0(t)-X_i(t)|=0$，因此式(3-11)可以简写成下式：

$$\overline{D_i}(t)=\frac{\alpha\beta}{D_i(t)+\alpha\beta}=\frac{0.5\alpha}{D_i(t)+0.5\alpha} \tag{3-13}$$

其中 $\alpha=\max\limits_i\max\limits_t|X_0(t)-X_i(t)|$。

(5)计算关联系数平均值。

$$\gamma_i=\frac{1}{n}\sum_{i=1}^{n}\overline{D_i}(t) \tag{3-14}$$

以沥青混合料的弯曲试验结果为参考序列,其中包括破坏荷载和跨中挠度这两个指标,共为两个参考序列。按照灰关联度的计算过程,计算初始化后的参考序列、比较序列和差序列;以分辨系数 $\beta = 0.5$ 计算各沥青指标与弯曲试验破坏荷载和跨中挠度的灰关联系数,以最终平均值作为各沥青指标与考察指标的关联度。按照关联度顺序列于表3-21。

关联度顺序表 表3-21

沥青指标	破坏荷载关联度	沥青指标	跨中挠度关联度
30℃复数模量	0.9842	30℃损伤模量	0.9471
30℃损伤模量	0.9666	15℃针入度	0.9469
15℃针入度	0.9532	30℃复数模量	0.9386
25℃针入度	0.8425	5℃延度	0.9308
老化后15℃针入度	0.8160	老化后5℃延度	0.9257
30℃储存模量	0.8154	老化后15℃针入度	0.9205
-18℃劲度变化率 m	0.8127	软化点	0.9100
5℃延度	0.8068	-18℃劲度变化率 m	0.9056
老化后25℃针入度	0.8027	30℃储存模量	0.9015
老化后5℃延度	0.7922	25℃针入度	0.8885
软化点	0.7854	老化后25℃针入度	0.8759
-18℃蠕变劲度模量 S	0.7806	-18℃蠕变劲度模量 S	0.8697
回复率 $R_{0.1}$	0.7804	回复率 $R_{0.1}$	0.8507
松弛时间	0.7759	76℃ $G^*/\sin\delta$	0.8481
蠕变柔量 $J_{nr0.1}$	0.7735	蠕变柔量 $J_{nr0.1}$	0.8274
蠕变柔量 $J_{nr3.2}$	0.7610	松弛时间	0.7933
回复率 $R_{3.2}$	0.7425	回复率 $R_{3.2}$	0.7868
76℃ $G^*/\sin\delta$	0.7313	蠕变柔量 $J_{nr3.2}$	0.7842
韧性	0.7309	175℃布氏黏度	0.7397
黏韧性	0.7264	135℃布氏黏度	0.7098
175℃布氏黏度	0.7218	韧性	0.7041
135℃布氏黏度	0.6549	黏韧性	0.6177

在与弯曲试验破坏荷载有关的22个改性沥青性能指标中,利用DSR、BBR试验获得的30℃复数模量、损伤模量、储存模量和-18℃劲度变化率 m 的关联性较好。常规指标中15℃、25℃针入度和5℃延度具有较好的关联性。老化后

样品的15℃、25℃针入度较原样的关联度略低。改性沥青的黏韧性、韧性、135℃和175℃的布氏黏度指标在此的关联度排在最后。

在与跨中挠度的关联方面，30℃损伤模量的关联度最高，30℃复数模量和储存模量、-18℃劲度变化率 m 和劲度模量 S、蠕变回复率 $R_{0.1}$ 和蠕变柔量 $J_{nr0.1}$ 也具有较高的关联度。原样和老化后样品的针入度和延度也同样具有较好的相关性。改性沥青的135℃和175℃的布氏黏度、黏韧性和韧性指标在此的关联度排在最后，与破坏荷载相关关联因子具有基本相同的规律。

综上，沥青混合料的弯曲性能与30℃的复数模量、损伤模量、储存模量和15℃、25℃针入度和5℃延度的关联性相对较高。将关联性较高的指标与弯曲性能进行回归分析，得到沥青混合料满足可卷曲要求时所要求的技术指标，如表3-22所示。

可卷曲沥青路面专用改性沥青技术指标 表3-22

指标	15℃针入度(0.1mm)	25℃针入度(0.1mm)	5℃延度(cm)	30℃复数模量(kPa)	-18℃劲度变化率 m
技术要求	>30	>60	>55	<200	>0.36

表3-22中未涉及的指标可参照我国《公路沥青路面施工技术规范》(JTG F20—2004)和美国AASHTO 2002中PG 82-28的技术要求。

第4章　可卷曲预制路面沥青混合料配比及性能研究

4.1　可卷曲沥青混合料配比设计方案

可卷曲沥青混合料设计的主要任务是选择合适的材料、确定集料的级配组成和其与沥青用量的比例。沥青混合料各种路用性能存在相互矛盾，目前没有一套合理的指标体系来全面地解决这个问题，各典型混合料设计方法均是基于体积设计方法为基础发展起来的，着重考虑混合料的高温性能、低温性能、水稳定性能和抗开裂性能。由于可卷曲预制沥青路面施工工艺的特殊性，在满足其混合料基本路用性能的前提下，首要确保混合料的弯曲变形能力，而对于这一需求，尚没有任何混合料设计方法和经验可供借鉴。

4.1.1　混合料级配方案设计

选择体积参数合理、性能优良的混合料组成是可卷曲沥青路面耐久性的重要保证。目前国内外主要使用的混合料设计方法有马歇尔试验法、Superpave法、贝雷法、GTM法等，这些设计方法适用于普通的沥青混合料，即通过优化混合料体积参数来提高沥青混合料的抗剪性能。然而对于弯曲变形能力需求较高的可卷曲沥青混合料材料组成设计，尚未有经验可供参考。本节研究的主要目的为，在已有常用级配的基础上，采用均匀设计法对其进行优化，进而可以得到弯曲性能较好的优化级配。

1)试验方案

均匀设计是一种只考虑试验点在试验范围内均匀散布的一种试验设计方法，与正交试验设计类似，不同的是在试验因素变化范围较大，需要取较多水平时，可以极大地减少试验次数。

关键筛孔通过率是影响混合料空隙率大小的首要因素，同时也是影响混合料性能的关键因素之一。将关键筛孔通过率作为均匀设计试验的考察因素，关键筛孔由贝雷法确定。贝雷法通过主控筛孔来划分粗细集料，其尺寸计算公式为：

$$P_{CS} = \mathrm{NMAS} \times 0.22 \tag{4-1}$$

式中：P_{CS}——主控筛孔尺寸(mm)；

NMAS——公称最大粒径尺寸(mm)。

贝雷法在主控筛孔尺寸的基础上对粗、细集料的组成部分作进一步细化，将粗、细集料又分别划分为较粗部分和较细部分。通过半筛孔尺寸来划分粗集料中的较粗部分和较细部分。半筛孔尺寸计算公式如下：

$$H_S = \mathrm{NMAS} \times 0.5 \tag{4-2}$$

式中：H_S——半筛孔尺寸(mm)；

NMAS——公称最大粒径尺寸(mm)。

由于细集料对沥青混合料的路用性能影响很大，贝雷法中对细集料作了两级细化，通过第一级控制筛孔和第二级控制筛孔将细集料的配比严格控制起来。

第一级、第二级控制筛孔计算公式为：

$$F_1 = P_{CS} \times 0.22 \tag{4-3}$$

$$F_2 = F_1 \times 0.22 \tag{4-4}$$

式中：F_1、F_2——第一级、第二级控制筛孔尺寸(mm)。

沥青混合料的弯曲性能随着最大公称粒径的增加而降低，而高温性能又随着最大公称粒径的增加而提高，综合考虑后，本试验中最大公称粒径为9.5mm。根据式(4-1)~式(4-4)确定各关键筛孔的尺寸，如表4-1所示，考察9.5mm、2.36mm、0.6mm、0.15mm、0.075mm筛孔通过率5个因素。

关键筛孔尺寸计算结果汇总　　表4-1

最大公称粒径(mm)	半筛孔(mm)	主控筛孔(mm)	第一级控制筛孔(mm)	第二级控制筛孔(mm)	最小控制筛孔(mm)
9.5	4.75	2.36	0.6	0.15	0.075

均匀设计表是均匀试验的基础，等水平均匀设计表可用 $U_n(r^l)$ 或 $U_n^*(r^l)$ 表示，其中 U 表示均匀表代号，n、l 分别表示均匀表横行数(需要做的试验数)、纵列数，r 表示因素水平数。通常加“*”的均匀设计表有更好的均匀性，应优先选用。每个均匀设计表都附有一个使用表，根据使用表将因素安排在适当的列中。使用表中最后一列 D 表示均匀度的偏差，偏差值越小，表示均匀性分散越

好。选取因素数为5时所对应的D值最小的均匀设计表$U_8^*(8^5)$,该表要求每个因素需要考虑8个水平。

综上,本次均匀试验选用5个因素,每个因素考虑8个水平,共8组试验的试验方案,其中上述5个筛孔的通过率根据《公路沥青路面施工技术规范》(JTG F40—2004)中给出的不同沥青混合料级配范围确定,以小梁弯曲试验破坏时最大荷载及跨中挠度为检测指标,如表4-2所示。

均匀试验方案 表4-2

编号	考察因素	考察指标(%)	检测指标
1	9.5mm的通过率	83.5~100,公差为1.5的等差数列	弯曲试验破坏时最大荷载和跨中挠度
2	2.36mm的通过率	20~53,公差为3的等差数列	
3	0.6mm的通过率	12~23,公差为1的等差数列	
4	0.15mm的通过率	6.8~15,公差为0.8的等差数列	
5	0.075mm的通过率	4.2~12.8,公差为0.8的等差数列	

2)试验材料

本次均匀试验采用中海油秦皇岛SBS改性沥青,沥青的各项性能检测指标见表2-5。粗集料采用玄武岩,分5~10(mm)、10~15(mm)两档。细集料均采用唐山产石灰岩机制砂。粗、细集料的各项指标均满足规范要求,具体的试验结果见表4-3~表4-6。

粗集料各项指标检测结果 表4-3

指标	单位	技术指标	测试结果	试验方法
石料压碎值	%	≤28	21	T 0316
洛杉矶磨耗损失	%	≤30	22	T 0317
针片状颗粒含量	%	≤18	5.7	T 0312
水洗法<0.075mm颗粒含量	%	≤1	0.2	T 0310
与沥青黏附性	级	≥5	5	T 0616

细集料各项指标检测结果 表4-4

指标	单位	技术指标	测试结果	试验方法
坚固性(>0.3mm部分)	%	≥12	16	T 0340
含泥量(小于0.075mm的含量)	%	≤3	1	T 0333
砂当量	%	≥70	76	T 0334

粗、细集料密度检测结果　　　表4-5

规格(mm)	技术指标	试验结果(g/cm^3)	
玄武岩10~15	≥2.60	表观相对密度	2.820
		毛体积相对密度	2.736
玄武岩5~10	≥2.60	表观相对密度	2.849
		毛体积相对密度	2.796
石灰岩0~5	≥2.50	表观相对密度	2.764

矿粉的各项指标检测结果见表4-6。

矿粉各项指标检测结果　　　表4-6

指标		单位	技术指标	测试结果	试验方法
表观相对密度		g/cm^3	≥2.50	2.727	T 0352
含水率		%	≤1	0.21	T 0103
粒度范围	<0.60mm	%	100	99.8	—
	<0.15mm	%	90~100	95.7	T 0351
	<0.075mm	%	75~100	82.1	—
塑性指数		—	<4	2.2	—

本试验中,暂不对上述8组级配进行额外试验来确定沥青的最佳用量,而是通过沥青膜厚度估算混合料的沥青用量。沥青膜厚度对沥青混合料性能影响很大,沥青膜越厚,沥青混合料越显柔韧。刘红瑛研究认为,对于空隙率为3%~6%的沥青混合料,最佳的沥青膜厚应在8μm左右;对于空隙率为4%~10%的沥青混合料,最佳的沥青膜厚应在10μm左右;对于空隙率为15%以上的大空隙沥青混合料,最佳的沥青膜厚应在12μm左右。施工规范推荐连续密级配沥青混合料的沥青膜有效厚度宜不小于6μm。Kandhal和Chakraborty研究认为,沥青膜厚度不宜小于9~10μm,否则沥青混合料容易发生老化现象。

采用美国沥青学会给出的集料表面积系数经验值,如表4-7所示,按照式(4-5)计算集料的比表面积。

各筛孔集料的表面积系数　　　表4-7

筛孔尺寸(mm)	>4.75	4.75	2.36	1.18	0.6	0.3	0.15	0.075
表面积系数(m^2/kg)	0.41	0.41	0.82	1.64	2.87	6.14	12.29	32.77

集料的比表面积SA计算公式为:

$$SA = \sum (P_i \cdot FA_i) \tag{4-5}$$

式中：P_i——各粒径的通过百分率；

FA_i——各粒径相应的表面积系数。

将集料的比表面积与假定的沥青膜厚度相乘，便可计算得出估算的沥青用量。假定沥青膜厚度为9μm，8组沥青混合料估算的油石比为5%～9%。为比较8组沥青混合料在同一油石比下的弯曲性能，故本节试验的油石比统一采用7%。

3）试验结果及分析

按照表4-2列出的各考察筛孔的通过率，其他筛孔的通过率通过内插得到。为探索沥青混合料常温下的弯曲特性与关键筛孔之间的关系，分别在10℃和30℃温度下进行了测试。但由于沥青胶结料采用秦皇岛SBS改性沥青，测试温度为10℃下的跨中挠度值较小，受试件的变异性影响较大，会对后续的研究分析产生较为严重的干扰，故本节采用30℃下的测试数据进行分析回归。8组沥青混合料的级配方案及弯曲试验测试结果见表4-8。

均匀试验级配设计方案及测试结果　　表4-8

编号	各筛孔(mm)通过率(%)									检测指标	
	13.2	9.5	4.75	2.36	1.18	0.6	0.3	0.15	0.075	最大力(N)	挠度(mm)
1	100.0	100.0	73.6	47.0	33.3	20.0	17.5	15.0	12.8	100.54	12.46
2	100.0	98.5	68.4	38.0	26.9	16.0	14.0	12.0	9.0	75.45	13.10
3	100.0	97.0	58.7	20.0	16.0	12.0	10.5	9.0	6.6	55.34	14.43
4	100.0	95.5	62.4	29.0	25.0	21.0	14.6	8.3	5.8	93.94	11.96
5	100.0	94.0	72.1	50.0	33.3	17.0	14.1	11.3	9.6	86.36	11.36
6	100.0	92.5	66.9	41.0	26.8	13.0	10.3	7.5	5.0	90.97	11.52
7	100.0	91.0	61.6	32.0	26.9	22.0	18.1	14.3	12.2	67.55	13.00
8	100.0	89.5	57.9	26.0	22.0	18.0	14.3	10.5	7.4	72.50	11.58

假设混合料的跨中挠度y与表4-2中5个因素之间满足线性关系，以跨中挠度为因变量，以$P_{9.5}$、$P_{2.36}$、$P_{0.6}$、$P_{0.15}$和$P_{0.075}$为自变量，利用Excel对上述试验结果进行回归分析，通过前进法筛选变量技术，回归跨中挠度与各因素的回归方程依次如下：

$$y=0.178P_{9.5}-0.069P_{2.36}-1.968\quad (R^2=0.640) \tag{4-6}$$

$$y=0.173P_{9.5}-0.067P_{2.36}-0.027P_{0.6}-1.129\quad (R^2=0.648) \tag{4-7}$$

$$y=0.130P_{9.5}-0.083P_{2.36}-0.133P_{0.6}+0.245P_{0.15}+2.698 \quad (R^2=0.859) \tag{4-8}$$

$$y=0.133P_{9.5}-0.097P_{2.36}-0.144P_{0.6}-0.404P_{0.15}+0.245P_{0.075}+4.597 \quad (R^2=0.923) \tag{4-9}$$

式(4-9)的回归分析结果如表4-9～表4-11所示。

回归统计结果 表4-9

指　　标	计算结果	指　　标	计算结果
相关系数 R	0.96	标准误差	0.54
R^2	0.92	观测值	8
修正 R^2	0.73		

方差分析结果 表4-10

指　　标	df	SS	MS	F	Significance F
回归分析	5	7.09	1.42	4.78	0.18
残差	2	0.59	0.30	—	—
总计	7	7.68	—	—	—

混合料跨中挠度分析结果 表4-11

系　　数		Coefficients	标准误差	T Stat	P-value	下限95.0%	上限95.0%
截距		4.60	6.06	0.76	0.53	-21.47	60.67
筛孔通过率	9.5mm	0.13	0.06	2.16	0.16	-0.13	0.40
	2.36mm	-0.10	0.02	-3.98	0.06	-0.20	0.01
	0.6mm	0.14	0.07	-1.95	0.19	-0.46	0.17
	0.15mm	0.40	0.51	-0.79	0.51	-2.62	1.81
	0.075mm	0.65	0.50	1.29	0.33	-1.51	2.81

对偏回归系数进行 t 检验时，$|t|$越大，所对应的偏回归系数越显著，相对应的因素也越重要。通过检查结果可知，各回归因素的主次顺序为 $P_{2.36}>P_{9.5}>P_{0.6}>P_{0.075}>P_{0.15}$。

由于回归方程为线性方程，所以可以根据偏回归系数的正负确定优方案。根据式(4-9)，$P_{9.5}$和 $P_{0.075}$的系数为正，表明跨中挠度指标因 $P_{9.5}$、$P_{0.075}$的增加而增加；$P_{2.36}$、$P_{0.6}$和 $P_{0.15}$的系数为负，表明跨中挠度指标因 $P_{2.36}$、$P_{0.6}$和 $P_{0.15}$的增加而减少。故确定优方案时，在合理的级配范围内，$P_{9.5}$、$P_{0.075}$的取值应偏上限，

$P_{2.36}$、$P_{0.6}$和$P_{0.15}$的取值应偏下限。

采用同样的方法，以破坏时的最大荷载为因变量，以$P_{9.5}$、$P_{2.36}$、$P_{0.6}$、$P_{0.15}$和$P_{0.075}$为自变量，利用Excel对上述试验结果进行回归分析，通过前进法筛选变量技术，回归破坏时的最大荷载与各因素的回归方程依次如下：

$$y = 0.349P_{9.5} + 0.995P_{2.36} - 12.084 \quad (R^2 = 0.505) \tag{4-10}$$

$$y = 0.535P_{9.5} + 0.926P_{2.36} + 1.136P_{0.6} - 22.385 \quad (R^2 = 0.648) \tag{4-11}$$

$$y = 1.252P_{9.5} + 1.177P_{2.36} + 2.875P_{0.6} - 4.029P_{0.15} - 85.711 \quad (R^2 = 0.845) \tag{4-12}$$

$$y = 1.212P_{9.5} + 1.319P_{2.36} + 2.988P_{0.6} + 2.602P_{0.15} - 6.61\ P_{0.075} - 105.107 \quad (R^2 = 0.877) \tag{4-13}$$

方程(4-13)的回归分析结果如表4-12～表4-14所示。

回归统计结果 表4-12

指　标	计算结果	指　标	计算结果
相关系数	0.94	标准误差	9.98
R^2	0.88	观测值	8
修正R^2	0.57		

方差分析结果 表4-13

指　标	df	SS	MS	F	Significance F
回归分析	5	1417.02	283.40	2.85	0.28
残差	2	199.18	99.59	—	—
总计	7	1616.20	—	—	—

混合料弯曲试验破坏时最大力的分析结果 表4-14

		Coefficients	标准误差	T Stat	P-value	下限 95.0%	上限 95.0%
截距		-105.1	111.1	-1.0	0.4	-583.1	372.9
筛孔通过率	9.5mm	1.21	1.13	1.07	0.40	-3.66	6.08
	2.36mm	1.32	0.44	2.97	0.10	-0.59	3.23
	0.6mm	2.99	1.36	2.20	0.16	-2.86	8.84
	0.15mm	2.60	9.43	0.28	0.81	-37.96	43.17
	0.075mm	-6.61	9.20	-0.72	0.55	-46.201	32.98

对公式(4-13)偏回归系数进行t检验时，$|t|$越大，所对应的偏回归系数越

显著,相对应的因素也越重要。通过检查结果可知,各回归因素的主次顺序为 $P_{2.36} > P_{0.6} > P_{9.5} > P_{0.075} > P_{0.15}$。

式(4-13)中除 $P_{0.075}$ 外的其余系数均为正,表明破坏时的最大荷载指标因 $P_{9.5}$、$P_{2.36}$、$P_{0.6}$ 和 $P_{0.15}$ 的增加而增加,因 $P_{0.075}$ 的增加而减少。故确定优方案时,在合理的级配范围内,$P_{9.5}$、$P_{2.36}$、$P_{0.6}$ 和 $P_{0.15}$ 的取值应偏上限,$P_{0.075}$ 的取值应偏下限。

一般来说,材料的跨中挠度大,表明该材料弯拉应大,则材料的劲度模量小,弯拉强度低,但这个规律并不是对所有材料都适用,特别当试验温度变化时。因此,国外专家提出低温断裂能的概念,通过计算混合料在弯曲断裂过程中所消耗的能量大小,评价混合料的变形能力,断裂能越大,变形能力越好。故本书在考察混合料跨中挠度和断裂时最大力之外,还对断裂能进行了分析。沥青混合料弯曲断裂能与各因素的回归方程见式(4-14),并对该方程进行 t 检验,确定各因素的重要程度,即回归因素的主次顺序为 $P_{2.36} > P_{9.5} > P_{0.6} > P_{0.075} > P_{0.15}$。

$$y = 12.135P_{9.5} + 5.023P_{2.36} + 14.311P_{0.6} + 12.046P_{0.15} - 27.433P_{0.075} - 979.403 \quad (R^2 = 0.856) \tag{4-14}$$

4)级配范围确定

从某种角度看,沥青混合料的低温抗变形能力和混合料在一般使用状态下的变形适应能力是等效的。因而可以近似认为,选用低温抗变形能力较好的级配,混合料也将具有较好的变形适应性。目前,级配对混合料的低温抗变形能力影响程度的认识并不统一,姚祖康教授认为集料级配对沥青混合料低温抗拉强度的影响很小;沈金安研究员认为,沥青混合料内部缺陷多,破坏时的温度应力小,致使不同级配的混合料破坏应变并无多大差别;北海道大学的调查认为,间断级配及密级配的中粒式沥青混凝土比沥青砂和细粒式沥青混凝土的裂缝多;王旭东博士通过对应力吸收层混合料的大量试验研究发现,在相同沥青品质的条件下,增加混合料中粗集料的含量,提高混合料公称最大粒径的尺寸,采用粗集料断级配密实型的矿料级配有利于提高混合料在极度低温环境下的变形能力,减少开裂。

由于粗集料间断级配密实型混合料具有良好的高温性能和变形能力,故本研究拟设计该类型的混合料进行后续研究。根据《公路沥青路面施工技术规范》(JTG F40—2004)推荐的沥青混合料各粒径取值范围,结合 4.1.1.3 节中关键筛孔通过率的取值原则,确定关键筛孔通过率,采用指数函数模型,如式(4-15)所示,构造粗、细集料的级配。

$$P_{d_i}=Ae^{B\frac{d_i}{D_{\max}}} \tag{4-15}$$

式中：P_{d_i}——筛孔尺寸 d_i 的通过率(%)；

$D_{\max}$——矿料的最大粒径(mm)；

d_i——某筛孔尺寸(mm)；

A、B——回归系数。

分别构造C型和F型两种沥青混合料。其中构造C型混合料的主要原则为兼顾混合料的高低温性能和变形能力；而F型混合料的构造更多地突出其变形特性，高温性能满足要求即可。设定9.5mm、2.36mm、0.6mm和0.075mm筛孔通过率取值范围，按照式(4-15)，联立两个方程，求解A、B后，利用回归得到的公式计算其余筛孔通过率。C型和F型两种沥青混合料的级配范围根据上述方法归结于表4-15。

推荐的可卷曲沥青混合料的矿料级配(%) 表4-15

孔径(mm)	13.2	9.5	4.75	2.36	1.18	0.6	0.3	0.15	0.075
C型级配范围	100	90~100	40~60	26~35	20~28	16~23	13~18	10~15	8~12
F型级配范围	100	95~100	76~93	60~85	40~58	27~41	18~28	12~19	8~13

4.1.2 混合料组成设计

作为路面上面层的可卷曲预制沥青路面应具备足够的强度，防止出现高温稳定性破坏，同时应具有优异的变形适应性，以防在预制卷曲过程中开裂甚至断裂。因此本节在推荐的级配范围内选择一组变形能力较好的级配，着重研究可卷曲沥青混合料的最佳油石比，既满足混合料的高温稳定性，又满足其韧性和抗裂性。

1)设计思路及方法

目前沥青混合料设计最为常用的方法为体积设计法，以空隙率作为混合料体积设计法的核心指标。对于任一种矿料级配，在固定的压实功作用下，随着沥青用量的增加，混合料因沥青的胶结和填充作用使得矿料骨架结构越来越密实，其高温性能和力学强度逐渐增加；随着沥青用量的进一步增加，过多的自由沥青将已紧密的骨架逐渐被撑开，这一阶段混合料的弯曲性能逐步提高并趋近于某一恒定值，而高温性能会逐步降低并趋近于某一恒定值。而可卷曲沥青混合料设计的核心是选择合理的级配和油石比范围，以保证混合料具有较好的变形适应性和基本的高温稳定性能。

结合本书第2章和《公路沥青路面施工技术规范》(JTG F40—2004)可知，

可卷曲沥青混合料的两个最主要的技术指标分别为动稳定度不小于 2400 次/mm 和 10℃小梁弯曲挠度不小于 5mm(对应的破坏应变为 26500με)。为此提出了以高温性能评价和变形适应性评价两个指标为核心的均衡设计方法。首先通过 10℃小梁弯曲试验和车辙试验,分别取满足这两个指标最小值所对应的油石比为使用的油石比范围,并在这个范围内进行三个油石比的车辙试验和小梁弯曲试验,根据两个指标曲线的拐点来确定最佳油石比范围,并取二者的平均值作为最佳油石比。若可卷曲预制沥青路面的预制地点与沥青混合料拌和楼距离较近时,设计时可不做析漏试验验证。

具体的设计过程如下:

(1)根据所选集料的密度等性能指标和级配曲线,按照 Superpave 法估算沥青混合料的初始沥青用量 P_b,将 P_b 换算成初始油石比后,分别按照初始油石比 + $0.5n\%$ $(n=1,2,\cdots,5)$ 的沥青用量成型所需的试验试件。

(2)选取 4 ~ 5 个油石比,进行 60℃的车辙试验,测试不同油石比下沥青混合料的动稳定度和相对变形,确定满足高温性能设计要求最小值的最大油石比 AC_1。若 AC_1 较大,可进行析漏试验验证,若其析漏变化拐点对应的油石比小于 AC_1 时,取该油石比作为 AC_1。

(3)切割与(2)中相同油石比的小梁试件,并进行 10℃的小梁弯曲试验,确定满足弯曲性能设计要求最小值的最小油石比 AC_2。

(4)在 AC_1 和 AC_2 之间的沥青混合料同时满足高温稳定性和低温变形适应性,可将该范围的中值定为最佳油石比 $OAC_1=(AC_1+AC_2)/2$,若 AC_1 和 AC_2 之间的范围较宽,可对最佳油石比的范围做进一步的划分。

(5)根据高温稳定性和低温变形适应性两个指标曲线的拐点(AC_3 和 AC_4)来确定最佳油石比范围,并取二者的平均值作为最佳油石比 $OAC_2=(AC_3+AC_4)/2$。并将 OAC_1 和 OAC_2 的最小值定义为最佳油石比,即 $OAC=\min\{OAC_1,OAC_2\}$。

(6)按照上述步骤初步确定了可卷曲沥青混合料的最佳油石比 OAC,对在该油石比下的沥青混合料进行路用性能测试,若各项测试指标均满足要求则确定其为最佳油石比,否则重新调整级配重新按照上述步骤进行设计。

其中,初始沥青用量的估算公式见式(4-16):

$$P_{bi}=\frac{G_b(V_{be}+V_{ba})}{G_b(V_{be}+V_{ba})+w_s}\times 100\% \tag{4-16}$$

式中:P_{bi}——初始沥青用量(%);

G_b——沥青胶结料的相对密度；
V_{be}——有效沥青胶结料用量（%）；
V_{ba}——集料吸收的沥青胶结料用量（%）；
w_s——沥青混合料单位体积的集料用量（g）。

V_{be}的计算公式如下：

$$V_{be}=0.176-0.0675\log S_n \tag{4-17}$$

式中：S_n——矿料的公称最大筛孔尺寸（mm）。

V_{ba}的计算公式如下：

$$V_{ba}=\frac{P_s(1-V_a)}{\frac{P_b}{G_b}+\frac{P_s}{G_{se}}}\left(\frac{1}{G_{sb}}-\frac{1}{G_{se}}\right)=w_s\left(\frac{1}{G_{sb}}-\frac{1}{G_{se}}\right) \tag{4-18}$$

式中：P_b——沥青胶结料的质量百分数（%）；
P_s——集料的质量百分数（%）；
V_a——空隙率（%）；
G_{sb}——集料的毛体积相对密度；
G_{se}——集料的有效相对密度。

G_{se}的计算公式如下：

$$G_{se}=G_{sb}+0.8(G_{sa}-G_{sb}) \tag{4-19}$$

式中：G_{sa}——集料的表观相对密度。

2）设计实例

以C型级配为例，按照表4-13中的级配范围，确定三种级配方案，在油石比为7%的条件下成型并进行小梁弯曲试验，级配方案如表4-16所示，30℃的测试结果见图4-1。从测试结果看，三种级配方案的跨中挠度基本处于同一水平，但方案三更为突出，故选择方案三的级配进行后续研究。此外，三种级配方案的预估跨中挠度与实测跨中挠度比较接近，表明4.1.1.3节中回归的方程可以较为真实地反映跨中挠度与各筛孔通过率之间的关系。

RAC-10C型沥青混合料配合比方案对比 表4-16

孔径（mm）	通过率（%）								
	13.2	9.5	4.75	2.36	1.18	0.6	0.3	0.15	0.075
方案一	100	95	53	28	20	16	13	10	9
方案二	100	90	58	26	22	18	14	11	8
方案三	100	93	47	30	21	17	15	12	10

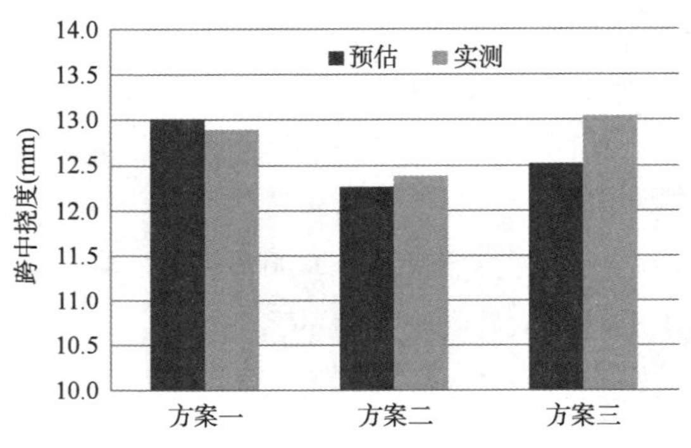

图 4-1　三种 RAC-10C 型混合料跨中挠度对比图

针对案三的级配进行最佳油石比设计，沥青采用 RMA 改性沥青，各集料的毛体积或表观相对密度见表 4-5，根据式(4-16)～式(4-19)确定初始沥青用量，其中假定混合料的空隙率 V_a 为 4%、沥青胶结料的质量百分数 P_b 为 6%、集料的质量百分数 P_s 为 94%，计算得到初始沥青用量 P_{bi} 为 5.67%，换算成油石比为 6.0%。

按照油石比为 6.0%、6.5%、7%、7.5% 和 8% 的沥青用量成型车辙试验、小梁弯曲试验以及马歇尔击实试验所需的试验试件，分别进行 60℃ 的车辙试验和 10℃ 的小梁弯曲试验，不同油石比下的试验数据见图 4-2。

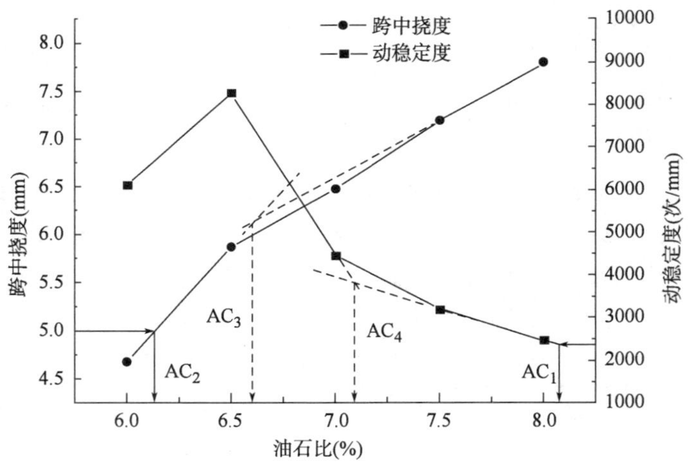

图 4-2　可卷曲沥青混合料最佳用油量确认示意图

从图中可以看出，满足弯曲要求的最小沥青用量 AC_2 约为 6.2%，满足动稳定度要求的最大沥青用量 AC_1 约为 8.1%，为保证沥青混合料同时满足高温稳定性和低温变形适应性，可将该范围的中值定为最佳油石比 $OAC_1=7.2\%$。若想使沥青用量的范围更为精确，可根据高温稳定性和低温变形适应性两个指标曲线的拐点来确定，AC_3 和 AC_4 分别为 6.6% 和 7.1%，该范围的中值定为最佳油石比 $OAC_2=6.8\%$。比较 OAC_1 和 OAC_2 的最小值定义为可卷曲沥青混合料的最佳油石比，即 OAC 为 6.8%。

不同油石比下的可卷曲沥青混合料体积指标列于表 4-17。从中可知，随着油石比的增加，沥青混合料的密度、空隙率、矿料间隙率和沥青饱和度均单调增加或降低，说明按本方法确定的可卷曲沥青混合料最佳油石比大于按照马歇尔设计方法确定的最佳油石比，采用马歇尔设计方法确定的沥青用量无法满足可卷曲沥青混合料的技术指标。

可卷曲沥青混合料马歇尔击实试验结果 表 4-17

油石比(%)	毛体积相对密度	空隙率(%)	矿料间隙率(%)	沥青饱和度(%)
6	2.555	3.30	13.6	75.8
6.5	2.538	3.20	14.6	78.1
7	2.536	2.59	15.2	83.0
7.5	2.512	2.43	16.4	85.2
8	2.507	2.39	17.0	86.0

4.2 可卷曲沥青混合料路用性能研究

4.2.1 高温性能

车辙病害是目前沥青路面最主要的病害。沥青混合料在高温下，其强度和劲度模量均会降低，在重复荷载的作用下容易形成车辙变形，对沥青路面的使用性能造成了比较严重的破坏。混合料的高温稳定性不足同时也会引发推移、拥包和搓板等病害，故高温稳定性是可卷曲预制沥青路面性能的一个重要的评价指标。

为评价可卷曲沥青混合料的高温稳定性，采用室内车辙试验进行测试，试验温度为 60℃，轮压为 0.7MPa，往返碾压速度为 42 次/min。测出试验后的 45min 与 60min 对应的车辙深度，进而计算动稳定度 DS。

$$DS=\frac{(t_2-t_1)\cdot N}{d_2-d_1}\cdot c_1\cdot c_2 \tag{4-20}$$

式中：c_1、c_2——试验参数，取值都为1。

不同油石比的RMA改性沥青混合料车辙试验结果见表4-18，SBS改性沥青混合料、RMA改性沥青混合料、高黏沥青混合料和橡胶沥青混合料在相同的级配和相同的油石比下的车辙试验结果见表4-19。

RMA改性沥青混合料车辙试验结果 表4-18

油石比(%)	45min深度(mm)	60min深度(mm)	DS(次/mm)
6	1.472	1.575	6117
6.5	1.091	1.167	8289
7	1.713	1.854	4468
8	2.938	3.192	2480

不同沥青混合料车辙试验结果 表4-19

混合料类型	油石比(%)	45min深度(mm)	60min深度(mm)	DS(次/mm)
RMA改性	8	2.938	3.192	2480
SBS改性		3.934	4.255	1963
高黏改性		2.452	2.623	3684
橡胶改性		3.189	3.505	1994

由表4-18可知，不同油石比对同种级配沥青混合料的高温稳定性能影响显著，可卷曲沥青混合料的高温稳定性随着油石比的增加，先增加而后减少。当油石比处于6.5%左右时，充分黏附在矿粉表面的沥青形成了“结构沥青”，且没有多余的、未与矿粉产生相互作用的“自由沥青”，此时沥青胶浆具有最强的黏结力，从45min和60min的车辙变形深度便可以验证这一点。即便是在油石比达到8%，RMA沥青混合料的高温稳定性能仍能满足规范要求。

表4-19为不同改性沥青混合料在相同的级配和油石比下高温稳定性的对比，由于混合料的抗剪切变形能力是由矿料骨架的嵌挤作用和沥青的黏结作用共同决定的。由表4-14可知，当油石比达到8%时，由于“自由沥青”的部分润滑作用，矿料的骨架嵌挤作用大打折扣，沥青混合料的高温性能主要取决于沥青结合料的性能。四种沥青混合料的高温抗变形能力：高黏改性>RMA改性>橡胶改性>SBS改性。其中RMA改性沥青混合料仅为高黏改性沥青混合料高温稳定性的67.3%，但高于SBS改性沥青混合料和橡胶改性沥青混合料。虽然后两种沥青混合料的动稳定度处于同一水准，从车辙变形深度的角度比较，就会有较大区别。由于RMA改性沥青具有较高的软化点和良好的弹性恢复能力，RMA改性沥青混合料的高温稳定性能优于常规改性沥青混合料。

4.2.2 低温性能

通常情况下,沥青混合料在常温下的弯曲变形能力与混合料的低温抗变形能力有着密切的关系,当混合料具有良好的低温抗变形能力时,混合料也具有较好的一般使用状态下的变形适用性。目前评价沥青混合料低温抗裂性能常用的试验方法包括小梁低温弯曲试验、直接拉伸试验、间接拉伸试验和三点弯曲 J 积分试验等。

由于三点弯曲试验比较简单,且试验过程中混合料的受力状况与预制沥青路面卷曲时的受力比较接近,故本书采用该试验来评价可卷曲沥青混合料的低温抗裂性能。试验温度采用 -10℃,采用中点加载,加载速率为 50mm/min,试验过程中采集加载过程中的力与相应的位移。根据式(4-21)~式(4-23)计算破坏时的弯拉强度 R_B、弯拉应变 ε_B 及弯曲劲度模量 S_B。

$$R_B = \frac{3LP}{2bh^2} \tag{4-21}$$

$$\varepsilon_B = \frac{6hd}{L^2} \tag{4-22}$$

$$S_B = \frac{R_B}{\varepsilon_B} \tag{4-23}$$

式中:R_B——试件底面中点处的弯拉应力(MPa);

ε_B——试件底面中点处的弯拉应变;

L——试件的跨径(mm);

b——跨中断面试件的宽度(mm);

h——跨中断面试件的高度(mm);

P——试件过程中施加的荷载(N)。

不同油石比的 RMA 改性沥青混合料低温小梁弯曲试验结果见表 4-20,在相同的级配、8% 油石比下,SBS 改性沥青混合料、RMA 改性沥青混合料、高黏沥青混合料和橡胶沥青混合料的低温小梁弯曲试验结果见表 4-21。

RMA 改性沥青混合料低温弯曲试验结果 表 4-20

油石比(%)	最大力(N)	挠度(mm)	弯拉强度(MPa)	弯拉应变(με)	弯曲模量(MPa)
6	1670.5	1.49	13.50	7892	1711
6.5	1530.1	1.64	12.64	8608	1468
7	1240.7	1.98	10.08	10454	964
8	1022.9	2.46	8.07	13035	619

不同改性沥青混合料低温弯曲试验结果 表 4-21

沥青类型	最大力(N)	挠度(mm)	弯拉强度(MPa)	弯拉应变(με)	弯曲模量(MPa)
RMA 改性沥青	1022.9	2.46	8.07	13035	619
橡胶改性沥青	1156.8	1.60	9.56	8397	1139
高黏改性沥青	1361.6	0.48	10.99	2523	4358
SBS 改性沥青	1188.9	1.14	9.79	5936	1648

不同沥青用量对沥青混合料低温弯曲性能的影响显著，随着油石比的增加，可卷曲沥青混合料的弯拉强度不断降低，弯拉应变逐渐增大。这是由于油石比的增加，“自由沥青”所占的比例逐渐增加，相比与矿粉相互作用的“结构沥青”，“自由沥青”的变形能力更强。评价沥青混合料低温弯曲性能应同时考虑弯拉强度和弯拉应变两个指标，而这两个指标变化趋势相反，很难用单一的指标进行评价，采用弯曲应变能的方法很好地处理了这对矛盾。

沥青混合料弯曲应变能密度的临界值（以下简称弯曲应变能）由其应力达到最大值前，应力应变曲线与 x 轴所包络的面积计算得出，本节使用 Origin 数据处理软件分别计算上述表中各混合料的弯曲应变能，列于图 4-3 和图 4-4。

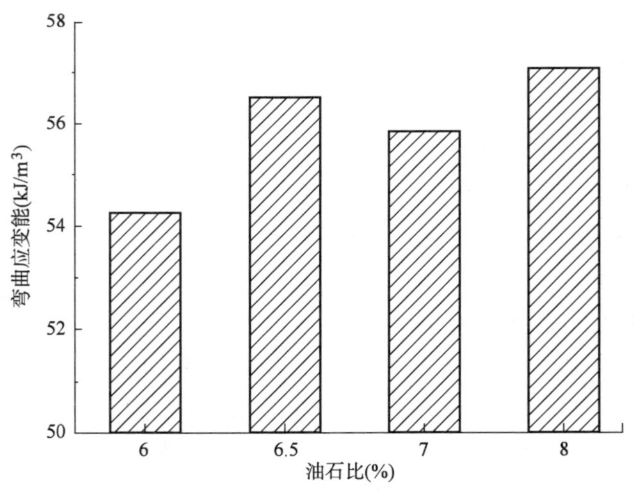

图 4-3 不同油石比下沥青混合料弯曲应变能

由图 4-3 可知，若以应变能为混合料低温弯曲性能的评价指标，油石比为 8% 的 RMA 改性沥青混合料弯曲性能最优，而 6% 油石比的混合料弯曲性能最差，这与弯拉强度和弯拉应变两个指标考察的结果一致。其余两组混合料的评价结果与常规指标评价结果相反，这是因为与油石比为 7% 的混合料相比，虽然弯拉应变减少了 17.7%，弯拉强度却增长了 25.4%。

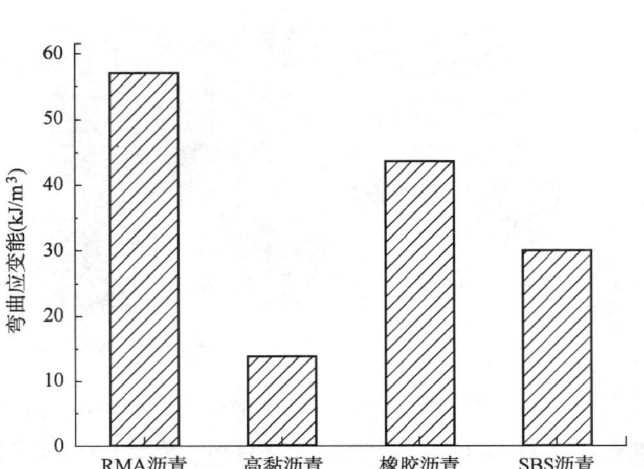

图 4-4　不同沥青类型沥青混合料弯曲应变能

若以弯曲应变能为指标评价不同沥青类型的混合料低温弯曲性能，其排序为：RMA 改性沥青 > 橡胶改性 > SBS 改性 > 高黏改性，这与以弯拉应变为评价指标的排序结果相同，与以弯拉强度为评价指标的排序结果有所不同。沥青性能的差异对混合料低温性能的影响巨大，根据 2.3 节的研究结论，沥青的针入度与混合料弯曲性能的相关性较为显著，在此也可以得到相同的结论。

4.2.3　水稳定性能

可卷曲预制沥青路面在卷曲和铺放的过程中，面层的上下表面均会产生微小裂缝。部分雨水会沿着路表通过裂缝和空隙流入沥青混合料中或是通过接缝渗入层间结合部，车辆荷载反复的作用所产生的动水压力会对沥青混合料冲刷，导致混合料发生黏附性破坏，从而发生坑槽、松散等损坏。

沥青混合料的水稳定性可通过沥青与矿料的黏附程度评价和混合料浸水后力学指标衰减来表征。评价沥青与矿料黏附性最为常用的指标是通过水煮法评价矿料表面沥青的剥落等级，如图 4-5 所示。该方法虽然简便直观，但无法量化指标，人为干扰较大。由于 RMA 改性沥青黏度较大，裹覆在矿料上的沥青膜较厚，且自身软化点也较高，在水煮时沥青难以剥落。虽然粗集料与 RMA 改性沥青的黏附性等级为 5 级，但不能确定自制改性沥青与石料的黏附性好，故本节主要采用浸水马歇尔试验和冻融劈裂试验评价可卷曲沥青混合料的水稳定性能。

图 4-5 不同改性剂掺量的 RMA 改性沥青水煮法试验

将每种混合料的标准马歇尔试件分为两组，置于 60℃恒温水槽中，一组恒温 30min，另一组恒温 48h，分别测试马歇尔稳定度，并计算浸水残留稳定度。

$$MS_0 = \frac{MS_1}{MS} \times 100 \tag{4-24}$$

式中：MS_0——试件的浸水残留稳定度(%)；

MS_1——试件浸水 48h 后的稳定度(kN)；

MS——试件浸水 30min 后的稳定度(kN)。

不同油石比的 RMA 改性沥青混合料的浸水残留稳定度试验结果如表 4-22 和图 4-6 所示。不同油石比的沥青混合料的浸水残留稳定度均在 90% 以上，远远超过规范中的 80% 要求。产生该试验结果的原因分析如下：

(1)粗集料较少、油石比较高，孔隙率较少，水分很难进入混合料内部，由 SBS 改性沥青混合料的试验结果亦能说明这一点。

(2)RMA 改性沥青黏度较大，沥青膜较厚，这对混合料水稳定性的提高是有帮助的。

沥青混合料浸水马歇尔试验结果 表 4-22

沥青类型	油石比(%)	孔隙率(%)	稳定度(kN)	浸水稳定度(kN)	残留稳定度(%)
RMA 改性沥青	6	3.3	9.03	8.38	92.84
	6.5	3.2	9.77	9.55	97.79
	7	2.6	9.83	9.44	96.05
	8	2.4	9.13	8.89	97.40
SBS 改性沥青	6	3.4	8.81	8.12	92.17

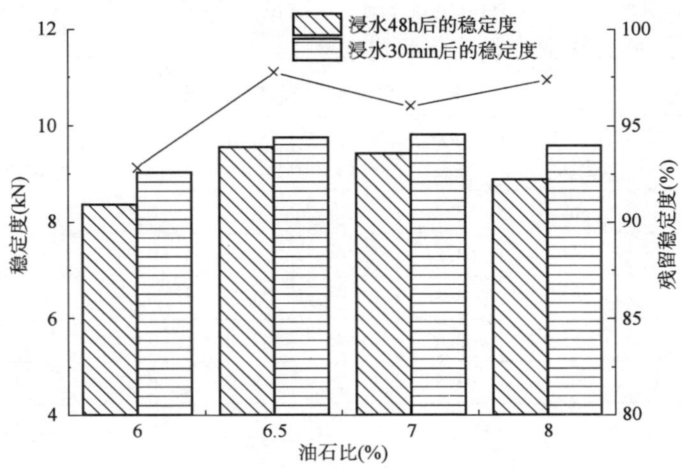

图4-6　不同油石比RMA改性沥青混合料残留稳定度对比图

此外，本节还进行了冻融劈裂试验研究，将双面各击实50次的马歇尔试件分为两组，一组置于25℃恒温水槽恒温2h，另一组在真空条件下饱水15min之后恢复常压，浸水0.5h，再置于－18℃冻箱中冷冻16h，然后放到60℃恒温水槽中浸水24h，最后放入25℃恒温水槽中不少于2h，分别测试两组试件的最大劈裂破坏荷载，并计算强度比。

$$TSR = \frac{R_{T2}}{R_{T1}} \times 100 \tag{4-25}$$

式中：TSR——冻融劈裂试验强度比（%）；

R_{T1}、R_{T2}——未经冻融循环和经受冻融循环的试件劈裂抗拉强度（MPa），计算公式如下：

$$R_{Ti} = 0.006287\frac{P_{Ti}}{h_i}, i = 1,2 \tag{4-26}$$

式中：P_{Ti}——每组试件的试验荷载最大值（kN）；

h_i——每组试件的试件高度（mm）。

采用上述不同油石比的RMA改性沥青混合料进行冻融劈裂试验，评价可卷曲沥青混合料的抗冻融性能，试验数据汇总于表4-23。

从不同油石比RMA改性沥青混合料冻融劈裂试验结果（图4-7）来看，四种混合料冻融劈裂强度比均大于90%，弯曲满足规范要求。对比同油石比下SBS改性沥青混合料和RMA改性沥青混合料的冻融劈裂强度可知，虽然混合料在冻胀作用下导致劈裂强度均有所下降，但后者的下降幅度明显小于前者。这是由于 RMA 改性沥青在低温下的仍能保持一定的柔韧性，可以有效地缓解温度应力以及体积膨胀力对混合料造成的损伤。

沥青混合料冻融劈裂试验结果　表 4-23

沥青类型	油石比（%）	h_1（mm）	h_2（mm）	P_{T1}（kN）	P_{T2}（kN）	R_{T1}（MPa）	R_{T2}（MPa）	TSR（%）
RMA 改性	6	64.04	63.74	9.08	8.46	0.89	0.83	0.94
	6.5	64.44	64.28	9.64	9.40	0.94	0.92	0.98
	7	64.33	63.55	9.01	8.23	0.88	0.81	0.92
	8	63.62	63.67	8.46	7.96	0.84	0.79	0.94
SBS 改性	6	63.56	63.85	6.75	5.43	0.67	0.54	0.80

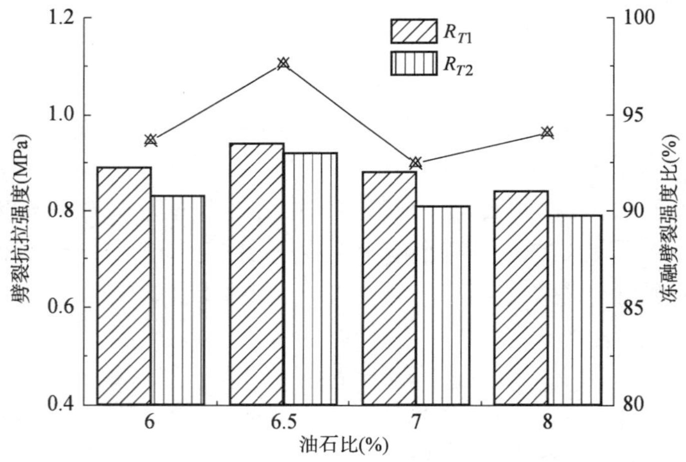

图 4-7　不同油石比 RMA 改性沥青混合料冻融劈裂试验结果

综上可知，RMA 改性沥青混合料具有良好的抗水损害性能，完全能够满足可卷曲预制沥青路面对水稳定性的要求。

4.2.4　抗疲劳性能

当可卷曲沥青混合料用于桥面铺装时，在行车荷载、温度荷载等耦合作用下产生较大的弯拉应力，重复荷载的作用极易导致混合料的疲劳破坏，因而需要对可卷曲沥青混合料的疲劳性能进行研究。目前沥青混合料疲劳性能的研究主要有现象学法和力学近似法，应用现象学法进行疲劳试验时，可采用应力控制模式和应变控制模式两种不同的加载方式。疲劳试验的控制模式的选择，对评价材料疲劳性能的优劣十分重要。一般来说，对于沥青面层较薄，宜采用应变控制模式，故本节选用应变控制模式来评价可卷曲沥青混合料的抗疲劳性能。

研究混合料疲劳特性的目的是为了预估材料的疲劳寿命，而影响疲劳寿命的因素有材料性能、受力状况及环境温度等。故学者们建立疲劳方程时，多以应变或应力水平与疲劳寿命之间关系为基础，如式(4-27)所示，再考虑材料特性、加载路径、试验条件等因素的修正。

$$N_{\mathrm{f}}=c\left(\frac{1}{\varepsilon_0}\right)^m \tag{4-27}$$

式中：N_{f}——达到破坏时的重复荷载作用次数；

ε_0——初始弯拉应变；

c、m——试验确定的参数。

Monismith 等人为考虑试验温度和加载频率对疲劳寿命结果的影响，引入了劲度模量参数，见式(4-28)：

$$N_{\mathrm{f}}=c\left(\frac{1}{\varepsilon_0}\right)^m S^n \tag{4-28}$$

式中：S——试件的初始模量；

n——试验确定的参数。

Harvey 和 Finn 等人又在上式的基础上引入了混合料的体积指标，如沥青含量、空隙率、饱和度等，SHRP 设计方法中推荐的混合料疲劳寿命预估模型如下：

$$N_{\mathrm{f}}=(0.856v_{\mathrm{b}}+1.08)^5 S_{\mathrm{m}}^{-1.8}\varepsilon_{\mathrm{t}}^{-5} \tag{4-29}$$

式中：v_{b}——沥青体积含量(%)。

式(4-30)为我国学者借鉴 AASHTO 2002 的研究成果，考虑了材料特性(饱和度、劲度模量等)、结构因素(沥青路面结构层厚度)、环境因素(应力水平、温度等)，构建了一个比较完善的疲劳方程。

$$N_{\mathrm{f}}=6.316\times10^{15}K_{\mathrm{R}}K_{\mathrm{T1}}\left(\frac{1}{\varepsilon}\right)^{3.973}\left(\frac{1}{E}\right)^{1.579}(\mathrm{VFA})^{2.729}\times \left[\frac{1+0.302E^{0.433}\mathrm{VFA}^{-0.846}e(0.0237h_{\mathrm{AC}}-5.408)}{1+e(0.0237h_{\mathrm{AC}}-5.408)}\right]^{3.333} \tag{4-30}$$

式中：E——沥青混合料 20℃下的动态模量(MPa)；

h_{AC}——沥青层厚度(mm)；

K_{R}——保证率系数；

K_{T1}——沥青层温度换算系数。

此外，交通运输部公路科学研究院王旭东研究员认为应以累计耗散能指标代替常用的应力应变指标，公式如下：

$$\ln W_{\mathrm{p}}=a+b\ln N \tag{4-31}$$

式中：W_p——累计耗散能；

N——荷载作用次数；

a、b——方程回归系数。

本节研究的疲劳试验采用四点弯曲疲劳试验仪，采用应变控制水平，当试件的劲度模量减少到初始劲度模量的50%时测试结束。采用的测试温度15℃作为沥青路面的疲劳当量温度，测试频率为10Hz。可卷曲沥青混合料小梁弯曲疲劳试验的测试结果如表4-24所示。

可卷曲沥青混合料小梁弯曲疲劳试验结果　　表4-24

沥青混合料类型	控制应变（με）	加载循环次数（次）	初始劲度模量（MPa）	终止劲度模量（MPa）	累计耗散能（J/m³）
油石比6.5% RMA	750	664130	2264	1101	1102.7
	950	184540	2190	1091	610.6
	1150	77440	2096	1006	473.1
油石比8% RMA	950	538530	1360	658	1588.5
	1150	206750	1214	592	1186.2
	1350	82010	1278	620	872.6
油石比8% SBS	750	103140	1722	844	246.7

从表4-24中可知，沥青混合料的疲劳寿命、初始劲度模量和耗散能均随着控制应变的水平增加下降。油石比的增加对沥青混合料的疲劳寿命的影响显著，当控制应变水平为950με、矿料级配相同时，8%油石比的RMA改性沥青混合料的荷载循环次数是6.5%油石比的2.9倍，其耗散能是6.5%油石比的2.6倍。耗散能越大，说明沥青混合料抵抗疲劳破坏的能力越强，发生疲劳破坏时所需要的能量更多。沥青的种类对沥青混合料的疲劳寿命具有较大的影响，当级配和油石比均相同，RMA改性沥青混合料在控制应变为950με的荷载循环次数和耗散能分别为750με应变控制下SBS改性沥青混合料的5.2倍和4.8倍。

将表4-22的数据对应式(4-28)的方程进行回归，得到温度为15℃时不同油石比的RMA改性沥青混合料的小梁疲劳寿命预估公式：

6.5%油石比：$$\ln N_f = 200.65 - 8.2\ln\varepsilon_0 - 17.2\ln S \quad (R^2 = 0.997) \tag{4-32}$$

8%油石比：$$\ln N_f = 75.39 - 6.56\ln\varepsilon_0 - 2.38\ln S \quad (R^2 = 0.998) \tag{4-33}$$

式中：N_f——劲度模量衰减到初始值的50%或者更低时的荷载循环次数(次)；

ε_0——试验控制应变(με)；

S——初始劲度模量(MPa)。

根据式(4-31),建立测试温度为15℃下的RMA改性沥青混合料的疲劳—耗散能的小梁疲劳寿命预估公式：

6.5%油石比：　$\ln N_f = 2.474\ln W_f - 3.883 \quad (R^2 = 0.986)$　(4-34)

8%油石比：　$\ln N_f = 3.140\ln W_f - 9.963 \quad (R^2 = 0.998)$　(4-35)

式中：W_f——N_f 所对应的累计耗散能(J/m³)。

4.3　可卷曲沥青混合料力学特性研究

4.3.1　动态模量

模量是路面设计中一个极为重要的力学参数,模量数值的大小对路面力学计算结果的影响显著。我国《沥青路面设计规范》(JTG D50—2017)中依旧采用静态模量,没有考虑车轮荷载对沥青路面作用的瞬时性,测试时试件的受力状态与路面实际情况相差较大,因而沥青混合料动态模量的研究逐渐引起了人们的重视。由于沥青混合料具有黏弹特性,其动态模量对于温度和加载时间具有很明显的依赖性,故本节使用SPT试验设备测试不同温度和频率下的混合料动态模量,并根据公式回归混合料动态模量主曲线。

选择的试验温度为10℃、25℃和40℃,测试的频率包括0.1Hz、0.2Hz、0.5Hz、1Hz、2Hz、5Hz、10Hz、20Hz、25Hz。按照升温和降频的顺序进行对试件施加半正弦波压力荷载,测试得到各个试验条件下的动态模量和相位角,油石比为6.5%的可卷曲沥青混合料测试结果如图4-8所示。

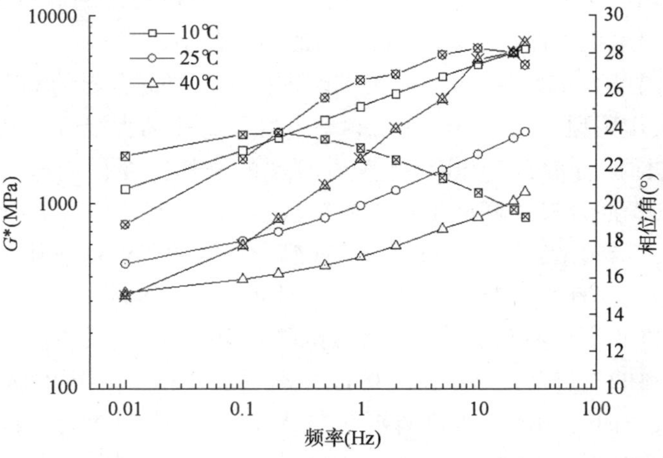

图4-8　不同温度和频率下的可卷曲沥青混合料动态模量和相位角

由图 4-8 可知，可卷曲沥青混合料的动态模量具有明显的温度和频率依赖性，其中动态模量随着温度的升高和频率的降低而降低。当温度为 10℃ 和 25℃ 时，随着频率的升高相位角先升高后降低，但相位角最大值对应的频率值不同；当温度为 40℃ 时，相位角随着频率的升高而降低。

从相位角的变化趋势可以看出，在高温低频的情况下，沥青胶结料变软，矿料骨架对沥青混合料黏弹特性的贡献更大，混合料更多地呈现弹性特性，因而相位角较小；在低温高频荷载作用下，沥青胶结料性能对沥青混合料黏弹特性的贡献更大，然而在此条件下，专用改性沥青更多地表现出了弹性特征，故此时混合料的相位角依然较小。

图 4-9 为不同油石比下的可卷曲沥青混合料与同配比条件下的 SBS 改性沥青混合料的动态模量对比结果，可知不同温度下，可卷曲沥青混合料的动态模量随着油石比的增加而减少，随着频率的增加而升高，其相位角随着油石比的增加而增加，说明沥青用量的增加使得沥青胶结料性能对沥青混合料黏弹特性的影响增强，在荷载作用下混合料黏性特征更加明显，且抗变形的能力逐渐降低。

对比同配比条件下的两种沥青混合料动态模量测试结果可知，当测试温度为 10℃ 时，各个频率下的可卷曲沥青混合料动态模量均小于 SBS 改性沥青混合料，说明低温条件下可卷曲沥青混合料变形协调能力优于 SBS 改性沥青混合料，间接说明了两种混合料弯曲变形能力的差异。

两种沥青混合料的相位角变化趋势也有所不同，随着频率的升高，可卷曲沥青混合料的相位角先略有升高后再降低，且变化幅度较小，而 SBS 改性沥青混合料的相位角单调下降，变化幅度较大。这是因为在较低的温度条件下，RMA 改性沥青主要呈现弹性特征，受荷载频率的影响较小。

当测试温度为 25℃ 时，随着频率的增加两种沥青混合料的动态模量均有所增加，除荷载作用频率 0.01 外，其余频率下的可卷曲沥青混合料动态模量仍然小于 SBS 改性沥青混合料；相位角随着频率的增加的变化趋势为先增大后减小，可卷曲沥青混合料的峰值出现在高频段，而 SBS 改性沥青混合料的峰值出现在低频段。当测试温度为 40℃ 时，两种混合料的动态模量均随着频率的增加而增加，增长幅度有所区别，低频时的可卷曲沥青混合料动态模量较高，高频时的 SBS 改性沥青混合料动态模量较高；相位角均随着频率的增加而增加，可卷曲沥青混合料的相位角始终小于 SBS 改性沥青混合料。由于 RMA 改性沥青属于高弹沥青，因而与 SBS 改性沥青混合料相比，可卷曲沥青混合料在荷载作用下呈现的弹性特征更为明显。

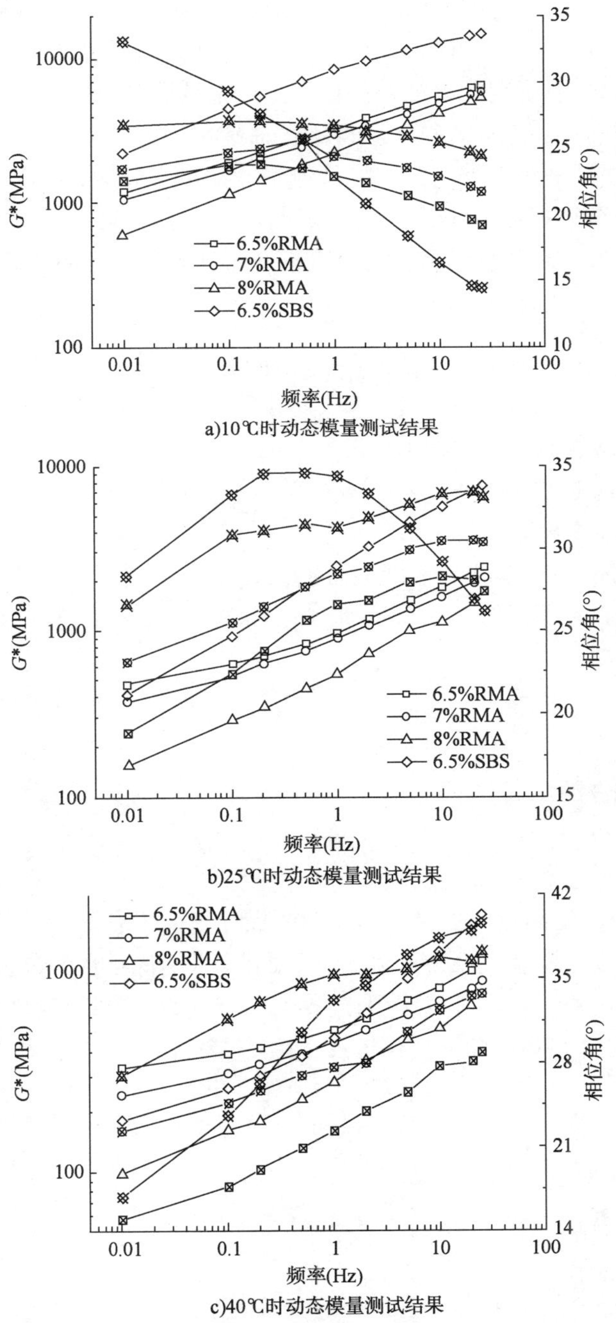

a)10℃时动态模量测试结果

b)25℃时动态模量测试结果

c)40℃时动态模量测试结果

图4-9 不同温度下四种沥青混合料动态模量测试结果

由于沥青混合料的动态模量对加载温度和时间有较强的依赖性，利用时温等效原理可以将一定温度和荷载频率范围内的试验结果拓延至更为广泛的时间温度空间，从而可以确定沥青混合料在很高或很低荷载作用频率下的力学参数。根据这一原理确定沥青混合料动态模量主曲线的方法为：选定一个温度为基准温度，通过非线性最小二乘法拟合将其他不同温度条件下的动态模量曲线水平方向平行移动至于基准温度下的动态模量曲线重合，整合成一条完整的曲线。

在 AASHTO 2002 设计指南中，沥青混合料动态模量主曲线可以用 sigmodial 模型来拟合，其表达式如下式所示：

$$\log E^* = \log\mathrm{Min} + \frac{\log\mathrm{Max} - \log\mathrm{Min}}{1 + e^{B - C \cdot \log f_r}} \tag{4-36}$$

式中：E^*——沥青混合料的动态模量；

f_r——参考温度条件下的缩减频率；

Max——动态模量的最大值；

B、C——描述 sigmoidal 模型形状的参数。

沥青混合料在不同温度条件下所对应的时温换算因子，其关系如下式所示：

$$f_r = f \cdot \alpha(T) \tag{4-37}$$

$$\log f_r = \log f + \log[\alpha(T)] \tag{4-38}$$

式中：f_r——参考温度条件下的缩减频率；

f——试件的加载频率；

$\alpha(T)$——移位因子；

T——试验温度。

$\alpha(T)$是温度的函数，在 AASHTO 2002 设计指南中有两种方法求解，一是基于胶结料的黏度—温度关系方法确定，需要进行胶结料的针入度、布氏黏度、软化点、绝对黏度、动力黏度等的多项试验；另一种方法是利用阿伦尼斯函数来表示移位因子，本书将利用此方法计算移位因子，表达式如式(4-39)所示：

$$\log[\alpha(T)] = \frac{\Delta E_a}{2.303R}\left(\frac{1}{T + 273.15} - \frac{1}{T_r + 273.15}\right) \tag{4-39}$$

式中：ΔE_a——活化能，回归系数；

R——普适气体常数，等于 8.314J · K^{-1} · mol^{-1}；

T_r——参考温度(℃)。

利用式(4-39)，同时考虑到以 25℃ 为参考温度 T_r，得到公式(4-36)的具体化公式：

$$\log E^{*} = A + \frac{\text{Max} - A}{1 + e^{B - C\left[\log f + \frac{\Delta E_a}{19.14714}\left(\frac{1}{T+273.15} - \frac{1}{298.15}\right)\right]}} \tag{4-40}$$

其表达式中的 Max 为最大极限动态模量值，但是此值的获得需要苛刻的试验条件，从而使试验的代价非常大。根据 Christensen 及 Andersen 在 SHRP 中的研究，最大极限动态模量值可以利用沥青混合料的 VMA 与 VFA 两个体积参数并通过 Hirsch 模型来估算。本书就在此研究基础上进行，设置最低温度为 10℃。Hirsch 模型如式(4-41)所示：

$$E_{\text{Max}}^{*} = P_{\text{C}}\left[4200000\left(1 - \frac{\text{VMA}}{100}\right) + 435000\left(\frac{\text{VFA} \cdot \text{VMA}}{10000}\right)\right] + \frac{1 - P_{\text{C}}}{\left[\frac{\left(1 - \frac{\text{VMA}}{100}\right)}{4200000} + \frac{\text{VMA}}{435000\text{VFA}}\right]} \tag{4-41}$$

其中：

$$P_{\text{C}} = \frac{\left(20 + \frac{435000\text{VFA}}{\text{VMA}}\right)^{0.58}}{650 + \left(\frac{435000\text{VFA}}{\text{VMA}}\right)^{0.58}} \tag{4-42}$$

式中：E_{Max}^{*}——最大极限动态模量值；

VMA——矿料间隙率(%)；

VFA——沥青饱和度(%)。

可求出最大极限动态模量值 Max，并在此基础上，将测得的试验数据回带公式，并利用 Origin 的非线性曲线拟合数值功能，便求出 sigmoidal 模型中的未知参数，A、B、C。

将图 4-9 中的数据，以 25℃为基准温度，以移位因子为基准，将各温度下的动态模量曲线进行平移，得到四种改性沥青混合料的动态模量主曲线，如图 4-10 所示，各主曲线计算参数如表 4-25 所示。

四种改性沥青混合料动态模量主曲线参数拟合结果 表 4-25

沥青类型	油石比(%)	Max(MPa)	Min(MPa)	B	C	ΔE_a	R^2
RMA	6.5	22746.2	233.1	0.659	−0.514	200805.7	0.932
RMA	7	22707.6	156.3	0.542	−0.466	206285.1	0.960
RMA	8	22205.5	49.7	0.301	−0.490	169861.5	0.870
SBS	6.5	22833.1	92.0	−0.361	−0.687	196425.8	0.980

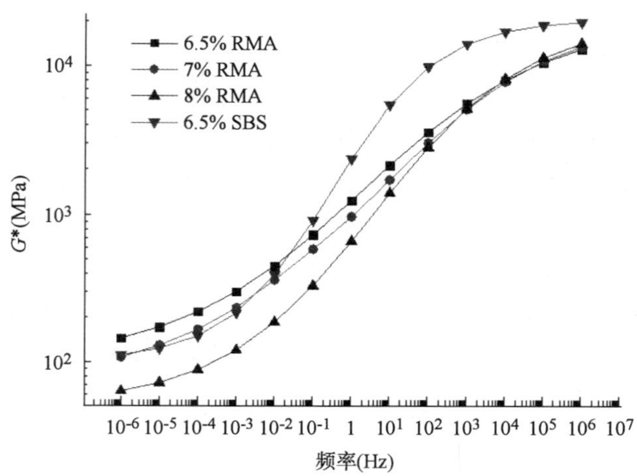

图 4-10 可卷曲沥青混合料与 SBS 改性沥青混合料动态模量主曲线

由图 4-10 可知,不同油石比下的可卷曲沥青混合料在高频时的动态模量比较接近,低频时随着油石比的增加,模量逐部下降。根据时温等效原理,高频对应低温,低频对应高温,说明不同油石比的可卷曲沥青混合料低温下的模量主要取决于 RMA 改性沥青,而高温下的模量受沥青用量的影响较大。

对比相同油石比、不同改性沥青混合料的动态模量主曲线可知,当高频/低温时 SBS 改性沥青混合料的劲度模量大于 RMA 改性沥青混合料,表明 RMA 改性沥青混合料具有更好的低温变形能力;而低频/高温时 RMA 改性沥青混合料劲度模量更大,说明其高温稳定性能更加优异。从整个试验频率和温度范围内的模量波动幅度来看,RMA 改性沥青混合料对温度和荷载作用频率的敏感性较低。

4.3.2 重复加载永久变形特性

使用 SPT 可以进行动态模量试验、重复荷载蠕变试验及静态荷载蠕变试验来评价沥青混合料的高温性能,其中有侧向约束的重复荷载永久变形试验可以较好地模拟实际路面承受间歇式动态荷载的情况,通过美国联邦公路局资助项目 NCHRP 研究表明,F_n 与沥青混合料车辙深度有着较好的相关性。

沥青混合料在重复荷载作用下的变形分为迁移期、稳定期及破坏期三个阶段,如图 4-11 所示,其中流变次数 F_n 表示为破坏期开始点对应的荷载作用次数。由混合料变形曲线可知,当沥青混合料的永久应变随时间的变化率保持一段稳定时间后突然增大的点对应的荷载作用次数即流动次数 F_n。

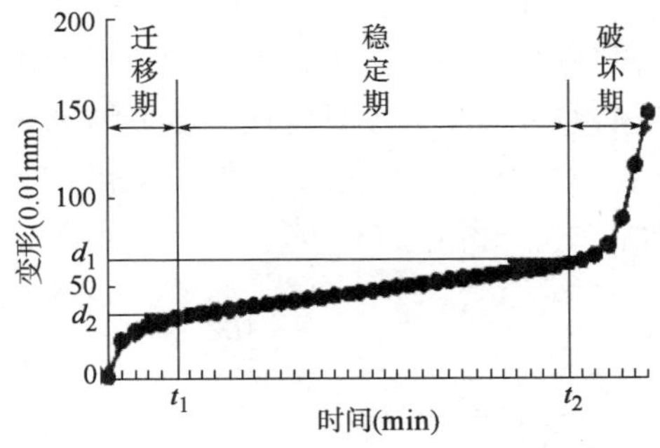

图4-11　沥青混合料蠕变试验变形规律

本节采用简单性能试验机SPT,对四种沥青混合料进行单轴重复荷载蠕变试验,试验温度为45℃,对试件施加轴向荷载700kPa、侧向围压138kPa,其中轴向荷载为半正弦波间歇荷载,加载时间0.1s,间歇时间0.9s。四种沥青混合料单轴重复荷载蠕变曲线见图4-12。

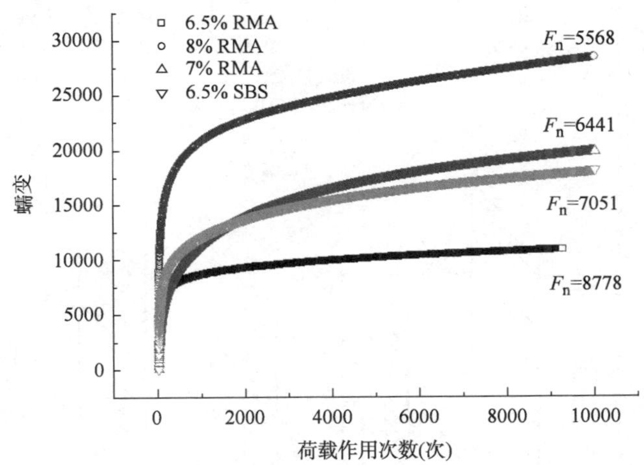

图4-12　四种沥青混合料单轴重复荷载蠕变曲线

从变形曲线图来看,四种沥青混合料没有明显的进入破坏期,在重复荷载的作用下,混合料的轴向变形随着油石比的增加而增大,在程序设定的10000次重复加载后,油石比为6.5%的SBS改性沥青混合料的变形量与油石比为7%的RMA改性沥青混合料的变形量比较接近。流变次数F_n是由IPC公司开发的UTS005软件直接计算得出,其数值的变化规律与混合料的轴向变形量的规律一致。

文献指出,UTS005软件是根据滤波算法计算得出的F_n,受采点间隔的影响较大,精确性和稳定性均不能得到保证,且F_n仅能代表某一点的信息,用它来表征混合料的高温性能有一定的不合理性。本节将4种沥青混合料的 F_n 值与车辙试验指标进行比较,并将结果列于图4-13。从中可以看出,四种沥青混合料的 F_n 与车辙试验结果具有一定的相关,但对比6.5%的SBS改性沥青混合料和7%的RMA改性沥青混合料,F_n 与车辙试验结果的相关性并不明显,产生该现象的原因还需进一步的试验分析和探讨。

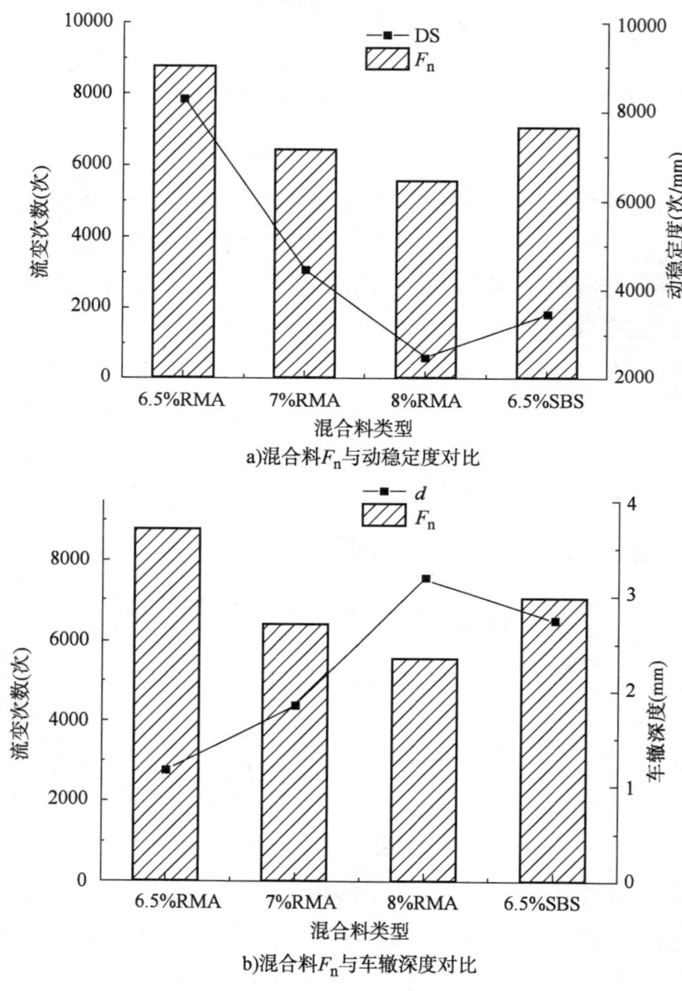

图4-13 流变次数 F_n 与车辙试验结果对比

4.3.3 弯曲蠕变特性

弯曲蠕变试验用于评价沥青混合料低温下的变形能力与松弛能力,以蠕变稳定阶段的蠕变速率评价沥青混合料的低温变形能力，蠕变速率由式(4-43)计算。蠕变速率越大，则沥青混合料在低温下的变形能力越大。

$$\varepsilon_{\text{speed}}\frac{\dfrac{\varepsilon_2-\varepsilon_1}{t_2-t_1}}{\sigma_0} \tag{4-43}$$

式中：$\varepsilon_{\text{speed}}$——沥青混合料的低温蠕变速率[1/(s·MPa)]；

σ_0——沥青混合料小梁跨中梁底的蠕变弯拉应力(MPa)；

t_1、t_2——蠕变稳定期的初始时间和终止时间(s)；

ε_1、ε_2——与时间 t_1、t_2 对应的跨中梁底应变。

本书主要针对可卷曲预制沥青混合料10℃温度下的弯曲性能进行研究，故选定10℃作为本弯曲蠕变试验的测试温度。沥青混合料弯曲蠕变试验规程中的规定，根据进行的低温弯曲试验的结果，测定试件的破坏荷载 P，并以破坏荷载的10%作为弯曲蠕变试验的荷载 P_0。t_1、t_2 统一取2000s和5000s，通过相应公式换算得到不同类型的沥青混合料低温弯曲蠕变速率，如表4-26所示。

各种沥青混合料蠕变试验施加的应力水平　　表4-26

沥青类型	油石比(%)	试验荷载(N)	ε_1(με)	ε_2(με)	蠕变速率[1/(s·MPa)]
SBS	6.5	115	0.01118	0.01659	1.69×10^{-6}
RMA	6.5	50	0.01029	0.02069	1.41×10^{-6}
	7	45	0.01160	0.02588	1.75×10^{-6}
	8	40	0.01202	0.02741	1.67×10^{-6}

蠕变速率大，代表混合料在低温条件下具有较好的变形能力，说明该混合料在同等条件下具有较好的应力松弛能力。从表4-24中计算结果发现，RMA改性沥青混合料的蠕变速率普遍低于SBS改性沥青混合料，而这个结论与已有研究结论相矛盾，产生该现象有可能是因为两种沥青混合料的试验荷载差距较大造成的。

为使RMA改性沥青混合料和SBS改性沥青混合料在同等条件下进行试验，同时应力水平选择还不能过大，否则试件很快断裂，故采用的荷载均为100N，四种沥青混合料的试验结果见图4-14。

如图4-14所示，RMA1改性沥青混合料与SBS改性沥青混合料的应力松弛能力基本相同，RMA2、RMA3改性沥青混合料的蠕变速率为是SBS改性沥青混合料的2倍以上，说明这两种沥青混合料比SBS改性沥青混合料具有更好的变形能力。

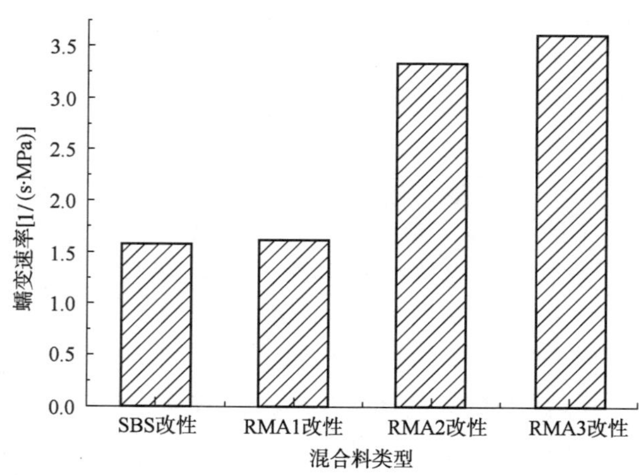

图4-14　10℃下不同沥青混合料的蠕变速率

4.3.4　自愈性能

目前对沥青混合料自愈性的研究主要针对沥青混合料的疲劳自愈特性，学者们认为沥青类型、油石比以及矿料的级配都会影响沥青混凝土的自愈能力。可卷曲预制沥青路面在卷曲过程中不可避免地会产生微小裂缝，尤其是在卷曲温度过高或者过低、卷曲操作不合理以及沥青混合料的离析等因素会导致沥青混合料产生较为严重的内部损伤，由于预制沥青路面卷曲所造成的损伤与常规沥青路面承受重复荷载所造成的损伤有所不同，因而需要对可卷曲沥青混合料的自愈性能进行研究。

对沥青混合料自愈能力的评价没有广泛认可的试验方法，本节采用与预制沥青路面卷曲过程受力最为接近的小梁三点弯曲试验进行评价。试验方法为：先在一定的试验条件下进行小梁弯曲试验，试件达到一定的破坏水平后进行不同条件的养生，再将养护结束后的试件进行小梁弯曲试验，从而得到破坏养护前后两组混合料的最大弯拉强度和破坏时的弯曲应变。利用自愈恢复指数来评价混合料的自愈能力，其中自愈恢复指数的定义如下：

$$\mathrm{HI}=\frac{\mathrm{MI_{healed}}}{\mathrm{MI_{original}}}\times 100 \tag{4-44}$$

式中：HI——沥青混合料的自愈恢复指数(%)；

$\mathrm{MI_{original}}$——完好试件进行某一试验测试得到的性能指标(kN)；

MI_{healed}——试件经过自愈恢复后以同样的试验方法测试得到的性能指标。

1)试验温度对沥青混合料自愈能力的影响

分别对可卷曲沥青混合料进行 -10℃、10℃和30℃下的小梁弯曲试验,当小梁承受的荷载衰减到最大荷载的80%时停止试验。将开裂后的小梁置于平板上,由于重力的作用,待小梁基本恢复原来平直的形状后,覆盖上铁板并使用橡胶锤轻敲,确保小梁底部与平板完全接触,随后将小梁放入60℃烘箱24h加速混合料愈合,最后将小梁放在室温下静止24h。本试验的主要目的是探讨试验时的温度对小梁的损伤以及自愈的效果,将自愈后的小梁重新进行试验,试验结果如图4-15所示。

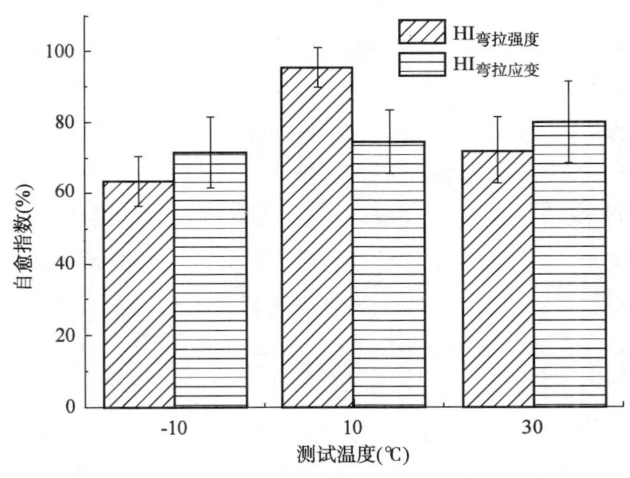

图4-15　测试温度对混合料弯曲自愈性能的影响

由试验结果可以看出,可卷曲沥青混合料在不同测试温度断裂后的自愈指数均在60%以上,但同一温度下的弯拉强度和弯拉应变自愈能力各有不同。总体来讲,当试验温度为10℃时混合料的自愈恢复能力最强,而 -10℃时混合料的自愈恢复能力最差。结合混合料弯曲梁试件断裂处的形貌,对产生上述结果的原因加以解释。

弯曲梁试件断裂处的断面形貌大体包括沥青胶浆的黏聚破坏、沥青—石料界面的黏附破坏和石料的破碎这三种破坏形式,三种破坏形式的比重因测试温度的不同而不同,如图4-16所示。当测试温度为 -10℃时,断裂面较为平整,破坏形式主要为沥青—石料界面的黏附破坏和沥青胶浆的黏聚破坏;测试温度为30℃时,由于挠度很大,断裂处部分粒径较大的石料断裂或出现裂纹,少有沥青—石料界面的黏附破坏;测试温度为10℃时的断面形貌介于前两者之间,沥青胶浆的黏聚破坏占主要部分。

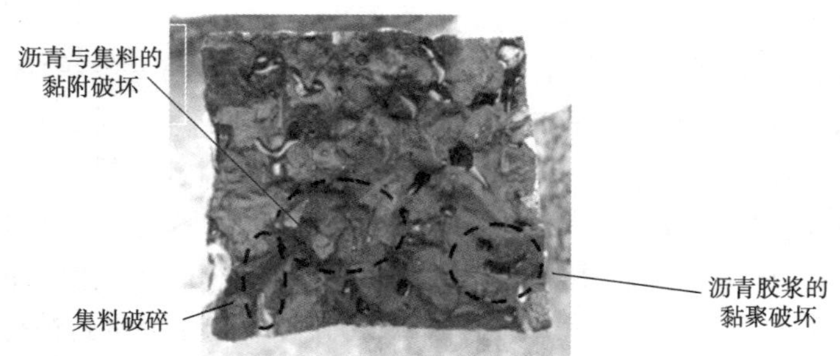

图4-16　混合料断面形貌

沥青混合料自愈的机理为开裂的两个界面相互接触后，界面上的沥青相互浸润。结合自愈恢复试验结果和断裂面的形貌可以认为，沥青对石料界面的浸润作用远比沥青胶浆相互浸润的效果要好，因而-10℃测试温度下的混合料自愈能力最差。集料破碎或开裂后无法愈合，这对混合料强度的恢复是不利的，但由于沥青胶浆的恢复效果较好，故30℃测试温度下的混合料自愈能力高于-10℃测试温度下的混合料。同理，测试温度10℃下，主要为黏聚型破坏的混合料自愈能力最好。由于部分断裂界面无法愈合，混合料内部存在为裂缝，受力时这些裂缝会迅速扩展并形成再次开裂，这也解释了弯拉应变的愈合指数基本都处于60%~80%的水平范围内。

2）损伤程度对沥青混合料自愈能力的影响

为探索小梁在荷载作用下的损伤程度对沥青混合料自愈性能的影响，对油石比为7%的可卷曲沥青混合料进行10℃下的、不同损伤程度的小梁弯曲试验。由沥青混合料小梁弯曲试验荷载—位移曲线可知，随着跨中挠度的增加，混合料所受荷载先增加至最大值后开始衰减，直至小梁弯曲断裂。

将损伤程度定义为：

$$ID = 1 - \frac{P_{residual}}{P_{max}} \tag{4-45}$$

式中：ID——沥青混合料的损伤程度（%）；

$P_{residual}$——试验发生破坏后，小梁所能承受的残余荷载（kN）；

P_{max}——试件所能承受的最大荷载（kN）。

当小梁破坏后承受的残余荷载为最大荷载的90%、80%、70%、60%时停止试验，采用该小节的方法处置破坏后的试件，养护自愈后再进行弯曲试验测试，自愈前后的弯曲试验测试结果见表4-27。

不同损伤水平下混合料自愈前后弯曲试验结果对比 表4-27

损伤程度（%）	弯拉应力（MPa）			弯拉应变（ε）		
	原样	自愈后	自愈指数	原样	自愈后	自愈指数
10	2.71	2.33	85.8	0.0375	0.0301	80.3
20	2.73	2.20	80.7	0.0341	0.0267	78.4
30	2.64	2.01	76.3	0.0367	0.0283	77.2
40	2.69	2.03	75.6	0.0358	0.0254	70.9

从试验结果可知，混合料的弯拉应力和弯拉应变的自愈指数随着沥青混合料的损伤程度的增大而降低。这是因为损伤程度越大，混合料梁底部产生的裂缝越多，且1～3条主要的裂缝向上扩展的深度越大，随着变形的增大，少数相互嵌挤的石料因强度不足而压碎，这使得损伤程度越大，沥青混合料的愈合越困难。

目前尚不清楚混合料的弯拉应力和弯拉应变的自愈指数小于80会对沥青混合料的路用性能和耐久性造成何种影响，但从图4-17可知，原某级配和油石比下的橡胶沥青混合料和高黏改性沥青混合料的最大跨中挠度为4.6mm和2.8mm，当橡胶沥青混合料的损伤程度达到10%，其跨中挠度为6.9mm；高黏沥青混合料的损伤程度达到20%，其跨中挠度为6.0mm。由此可知，若允许沥青混合料在卷曲过程中损伤程度降至20%时，部分橡胶沥青混合料和高黏沥青混合料的弯曲性能也以满足可卷曲要求。

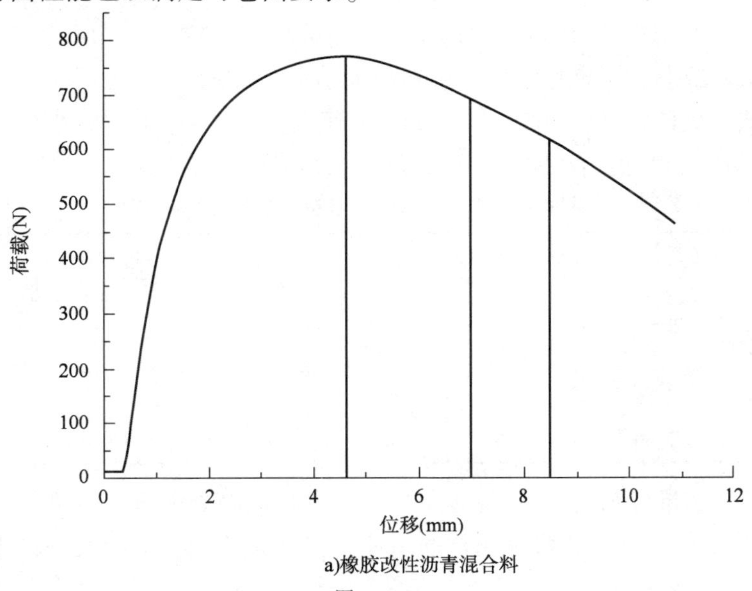

a)橡胶改性沥青混合料

图 4-17

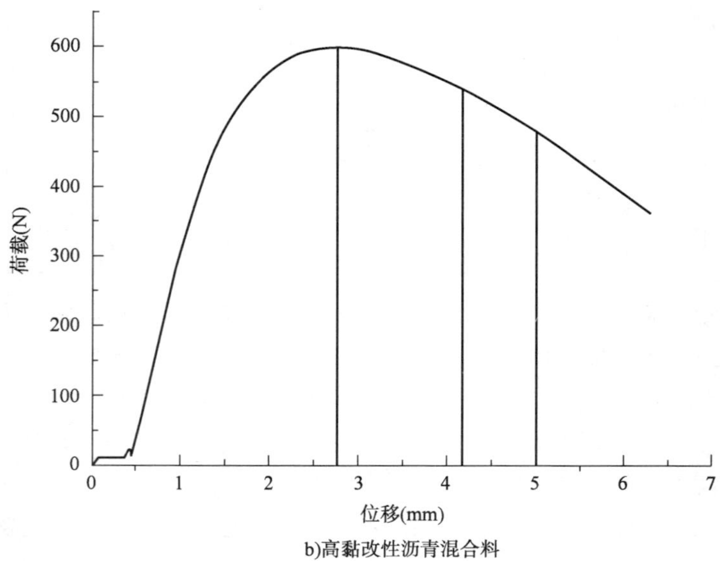

图4-17　不同沥青混合料弯曲试验曲线

3)沥青类型对沥青混合料自愈能力的影响

为探索沥青类型对沥青混合料自愈性能的影响,本节采用SK-70号基质沥青、SBS改性沥青和RMA专用改性沥青分别制备RAC-10C型沥青混合料,油石比为7%。分别进行3组混合料的小梁弯曲试验,测试温度为10℃,加载速率为20mm/min,当小梁承受的荷载衰减到最大荷载的80%时停止试验。待损坏后的小梁试件平直后,放入60℃烘箱24h加速混合料愈合,最后将小梁放在室温下静止24h。自愈前后小梁弯曲试验的测试结果列于表4-28。

不同沥青类型对沥青混合料自愈性能影响　　表4-28

沥青类型	弯拉应力(MPa)			弯拉应变(ε)		
	原样	自愈后	自愈指数	原样	自愈后	自愈指数
RMA改性	2.53	1.99	78.6	0.0371	0.0271	72.9
SBS改性	4.74	4.01	84.7	0.0202	0.0175	86.3
SK-70号基质	3.99	3.76	94.3	0.0189	0.0161	84.8

从试验结果可知,混合料的弯拉应力自愈指数随着沥青的黏度的增大而降低,弯拉应变的自愈指数没有明显的规律。根据裂缝表面的湿润理论来解释该现象产生的主要原因为由于沥青是多种高分子材料的混合物,其中分为极性成

分和非极性成分,极性成分的含量增加且表面能低的材料增大了材料裂缝表面的湿润的可能性。随着 SBS 和 HDA 等改性剂的增加,改性沥青中非极性成分逐渐增加的同时总表面能也随之升高,它们的存在阻碍了基质沥青相互浸润、重组愈合的能力。由此可以认为 SBS/HDA 改性剂的添加增加了沥青的黏度,改善了混合料的高温性能和弯曲性能,但对弯曲破坏后的混合料自愈能力有所影响。

4)油石比对沥青混合料自愈能力的影响

为探索油石比对沥青混合料自愈性能的影响,本节采用油石比为 6.5%、7%、8% 的 RMA 专用改性沥青制备 RAC-10C 型沥青混合料。分别进行 3 组混合料的小梁弯曲试验,测试温度为 10℃,加载速率为 20mm/min,当小梁承受的荷载衰减到最大荷载的 80% 时停止试验。待损坏后的小梁试件平直后,放入 60℃烘箱 24h 加速混合料愈合,最后将小梁放在室温下静止 24h。自愈前后小梁弯曲试验的测试结果见图 4-18。

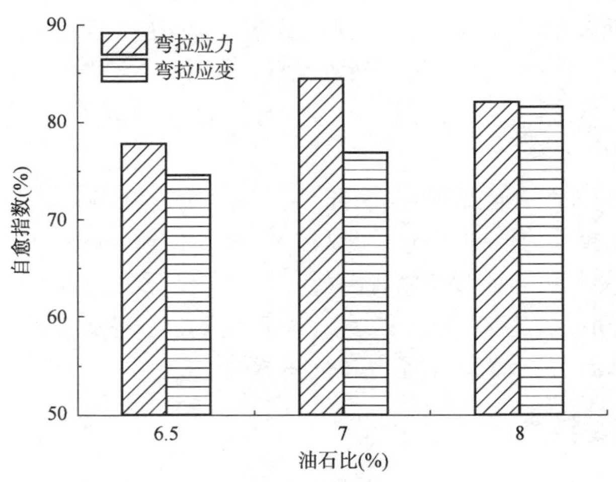

图 4-18 不同损伤水平下混合料自愈指数对比

从试验结果可知,混合料的弯拉应变自愈指数随着沥青油石比的增大而增大,弯拉应力的自愈指数没有明显的规律。试验所采用的油石比均较马歇尔设计方法确定的油石比要高,不存在因"结构沥青"或"自由沥青"不足而对试验结果的规律性造成影响。由此认为在相同的损伤程度和养护条件下,沥青混合料的自愈主要依靠裂缝表面沥青的相互浸润来完成的,较高的油石比意味着混合料含有较多的自由沥青,而较多的自由沥青会加快裂缝表面相互浸润、重组愈合。

4.4 预制路面层间黏结性能的研究

路面在行车荷载下,在受到竖向荷载作用的同时,还受到水平荷载的作用。通常水平作用力相对较小,但在车辆紧急制动或启动时,尤其是在夏季的长陡坡路段,轮胎与路面之间会产生较大的水平力,从而会在路面面层内产生较大的水平剪应力。若层间抗剪强度不足,导致层间破坏,很容易产生拥包、推移等破坏。

对于普通沥青混凝土路面,只要在摊铺前喷洒的改性乳化沥青性能和洒铺量满足规范要求,路面在使用过程中一般不会发生层间剪切破坏。而可卷曲预制沥青路面与常规沥青路面存在以下不同:

(1)可卷曲预制沥青路面是在试槽内摊铺、碾压卷曲成型后运至施工现场,由于试槽内部相对光滑,故压实后的预制沥青路面底部处于相对密实平整的状态,在层间结合面上与下面层的摩阻力 φ 相对常规路面下降很多。

(2)可卷曲预制沥青路面在铺放时,虽然会对面层底部进行加热,但温度不会太高。这样一来,上下面层的层间黏结状态近似于“冷”+“冷”,这与常规沥青路面施工的“冷”+“热”或“热”+“热”有较大的不同,使得黏层材料的黏结力 c 受到较大影响。

层间破坏易发生在收费站、交叉路口、车站、匝道进出口等经常启动与紧急制动、车速变化频繁的地方,而这些地段恰恰有着快速修补后开放交通的需要,故层间黏结性能是可卷曲预制沥青路面工程实际应用的关键。为使预制沥青路面与下面层长期保持连续状态,黏层材料应具有以下基本性能:足够的抗剪能力、良好的黏结能力、一定防水能力和抗疲劳能力。

4.4.1 层间黏结性能试验设计

沥青路面结构层间的破坏主要是剪切破坏,把这种路面结构层间能承受的最大剪切应力,称为路面结构层间的抗剪强度。其层间抗剪强度 τ_f 可用莫尔—库仑破坏强度理论解释,即:

$$\tau_f = \sigma\tan\varphi + c \tag{4-46}$$

式中:σ——剪切面的法向应力(MPa);

φ——材料的内摩擦角(°);

c——材料的黏聚力(MPa)。

本书研究采用斜剪试验对地毯式预制沥青路面的层间结合状态进行探索,其试验原理见图 4-19。

上层为预制沥青面层，下层为下面层，二者的接触面为层间黏结面。试验时将试件固定在模具中，在模具上端施加一个竖向力 P，由于试件在模具中有一个倾斜的角度 θ，根据试验需要，θ 可为 30°、45°、60°不等，竖向力作用会分解成一个水平力和一个垂直力（相对于试验试件，下同），使试件同时受到两个力的作用，模拟路面层间的受力状态。

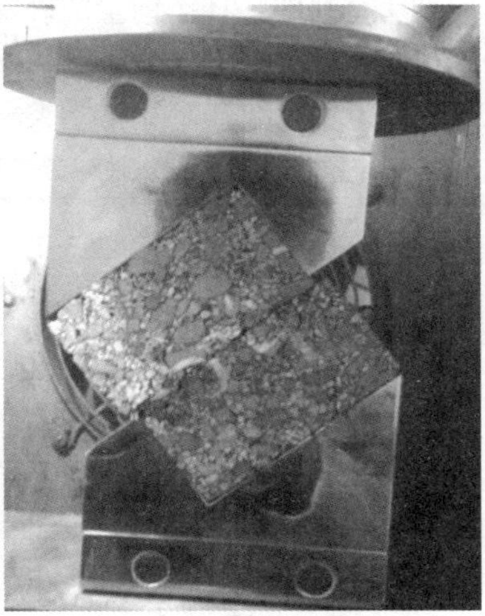

图 4-19 斜剪试验

在试验模具角度固定的情况下，试件所受到垂直于接触面的分力 F_V 和垂直于接触面的分力 F_H 成固定比例关系，即：

$$\frac{F_V}{F_H} = P \cdot \frac{\sin\theta}{P \cdot \cos\theta} = \tan\theta \tag{4-47}$$

路面结构层间抗剪模量由黏结力和摩阻力两部分组成，将试件受到的水平力和垂直力代入式(4-47)可得：

$$\tau = \frac{F_{Hmax}}{A} \tag{4-48}$$

式中：τ——剪切强度（MPa）；

F_{Hmax}——最大剪切力（N）；

A——试样截面积（m^2）。

图 4-20 试件预压成型

本研究采用 SBS 改性沥青和水性环氧树脂两种黏层材料，先用车辙板试模成型 300mm × 300mm × 50mm 的 RAC-10 和 AC-13 沥青混凝土板，各自切成 100mm × 100mm × 50mm 的试块。用刮刀将一定质量的层间黏结材料均匀刮涂到 AC-13 沥青混凝土试块上，再将 RAC-10 沥青混凝土试块与 AC-13 沥青混凝土试块对接，并使用路强仪对黏结好的试件进行预压，如图 4-20 所示，静置一天待测。

为研究预制沥青路面的层间黏结性能的影响规律，本节试验从不同油石比、不同级配对黏结性能的影响着手，在此基础上进行每种黏层材料的最佳洒铺量的确定。水性环氧树脂 HZ23(上海汉中化工公司)基本技术指标见表 4-29,SBS 热沥青的技术指标如表 2-5 所示。图 4-21、图 4-22 分别为沥青类材料与环氧树脂类材料作为黏层材料时试件的剪切试验性能曲线。

水性环氧树脂体系(HZ23A 与 HZ23B)指标 表 4-29

组　分	外　观	固含量(%)	pH　值
HZ23A	浅色黏稠液体	95 ~ 98	7 ~ 8
HZ23B	淡黄色黏稠液体	49 ~ 51	8 ~ 9

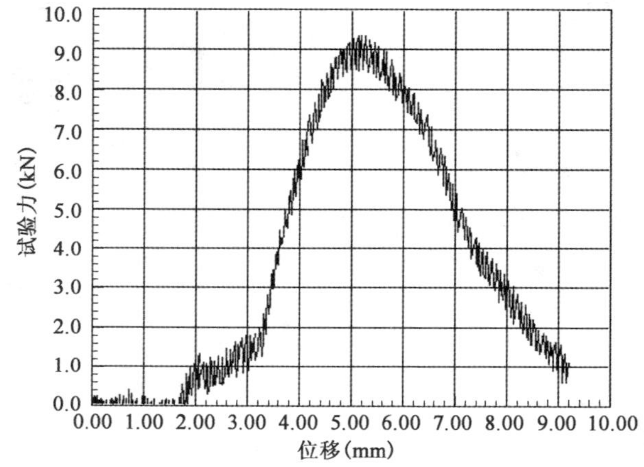

图 4-21　沥青类黏层材料的剪切试验曲线

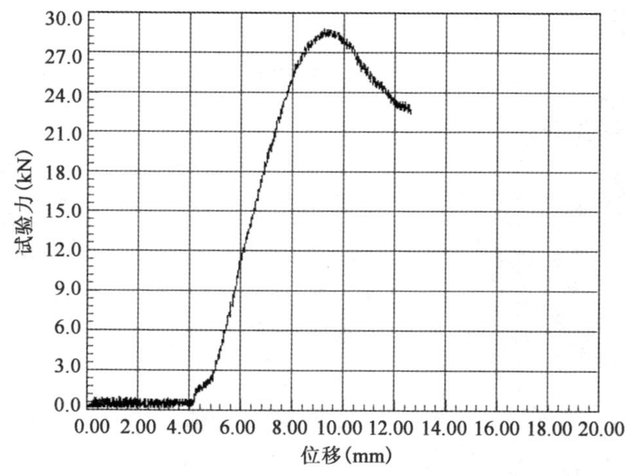

图 4-22　环氧树脂类黏层材料的剪切试验曲线

4.4.2　混合料材料组成对层间黏结性能的影响

(1)不同油石比的影响效果

由本章已有研究可知RAC-10C型沥青混合料的油石比范围为6.5%～8%，分别测试油石比为6.5%、7%、7.5%和8%时的预制沥青混合料试块与AC-13试块的黏结性能。选用热SBS沥青作为黏结材料，洒铺量为0.5kg/m^2。测试温度为25℃，剪切速度为10mm/min，测试结果如图4-23所示。

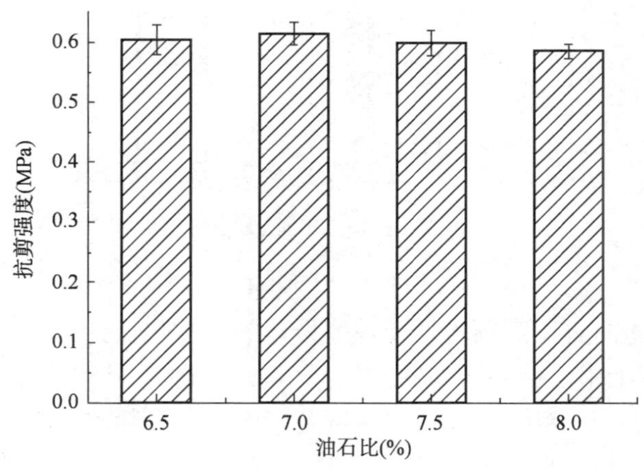

图4-23　不同油石比与层间黏结性能的关系

从图4-23可知，随着可卷曲沥青混合料油石比的增加，试件的层间抗剪强度呈现微弱的先增大后减小的趋势；但也可以认为可卷曲沥青混合料油石比未对试件的层间黏结起到作用，所呈现的趋势有可能是试验误差所致。产生上述现象的原因如下：

常规热拌沥青混合料在摊铺碾压过程中，接触面的部分自由沥青会浸润下表面，对层间黏结起到有益的作用，随着油石比的增加，有更多的自由沥青下渗，会产生层间黏结强度先增大后减少的趋势。而预制沥青路面与下面层拼装黏结过程中，温度不会高于自制改性沥青的软化点，即便预制沥青混合料的油石比增加，也不会有自由沥青浸润下表面。因此不能依靠增加可卷曲沥青混合料油石比的方法来提高预制沥青路面的黏结性能。

2)不同级配的影响效果

选用热SBS沥青作为黏结材料，洒铺量为0.5kg/m^2，在测试温度为25℃条件下，分别测试油石比为6.5%和8%的两种可卷曲预制沥青混合料试块与AC-13试块的黏结性能，试验结果如图4-24所示。从图中可以看出，两种类型级配的层间抗剪强度基本处于同一水平，产生该现象的原因如下：

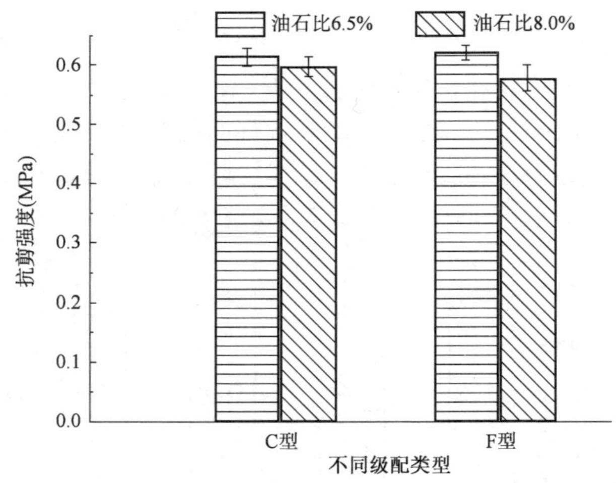

图 4-24　不同级配与层间黏结性能的关系

本书推荐的油石比范围均处于规范推荐的马歇尔设计方法油石比确定曲线的峰值右侧，由于用油量的增加，使得混合料的孔隙率减少，导致试件表面的细观构造深度趋于某一范围。该构造深度范围内的混合料与下表面接触所提供的摩擦力会处于同一水平，故在洒铺量和试验温度一致的情况下，两种混合料的层间抗剪强度基本相同。

综上，通过改变混合料的材料组成设计（油石比和级配）并不能有效地提高层间黏结性能。

4.4.3　黏层材料最佳用量的确定

1）黏层抗剪性能评价指标

黏层材料的类型和用量对层间抗剪强度的影响至关重要。以沥青基黏层材料为例，若黏层油的洒铺量过大，未被吸附而形成的富油层在高温情况下，不仅不能供足够的黏结力，反而起到了润滑作用，导致层间出现滑移；若洒铺量过小，黏层油所提供的黏结力不足以抵抗层间剪应力的作用。因此应首先确定抗剪强度的标准，再根据试验确定每种黏层材料的最佳用量，才能达到需要的黏结效果。

目前我国层间剪切强度尚未制定标准，但学者们通过理论计算、室内试验研究和实体工程观测，提出了常规沥青路面黏层评价指标。本节将常规沥青路面层间黏结指标和技术要求应用到可卷曲预制沥青路面中，并根据地区气候特点，推荐了用于评价可卷曲预制沥青路面层间黏结性的技术指标，如表 4-30 所示。

可卷曲预制沥青路面层间黏结性能的评价指标与技术要求　　表4-30

评价指标	技术要求	适用地区
25℃抗剪强度	≥0.4MPa	夏热区、夏凉区
25℃抗剪强度	≥0.5MPa	夏炎热区、长大纵坡路段
60℃抗剪强度	≥0.1MPa	

2）最佳洒铺量的确定

（1）SBS热沥青

为模拟常温和高温下预制沥青路面的层间黏结状态，分别在25℃和60℃温度下进行剪切试验，测定不同SBS热沥青洒铺量下的层间抗剪强度，从而确定该黏层材料的最佳用量，试验测试结果如图4-25、图4-26所示。

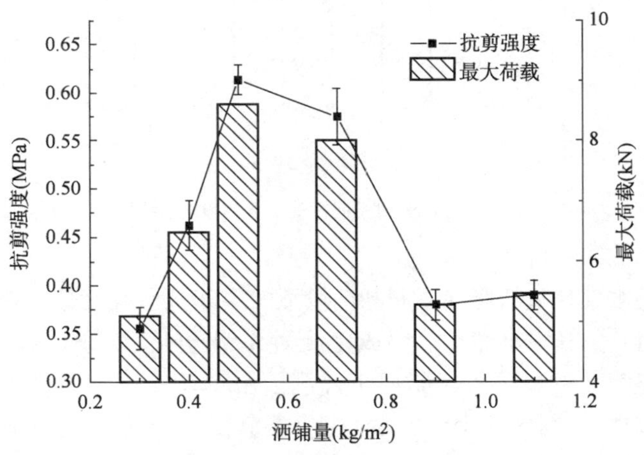

图4-25　25℃时不同洒铺量下剪切试验结果

由图4-25可知，随着SBS热沥青洒铺量的增加，预制沥青路面层间黏结强度与常规沥青路面的变化趋势相同，即先增大后减小。本次试验中，层间黏结强度的峰值出现在0.5kg/m^{2}的位置，洒铺量超过0.7kg/m^{2}后抗剪强度急剧下降，达到0.9kg/m^{2}后，抗剪强度呈某一值上下波动。在该温度下，SBS热沥青作为黏层油时，推荐洒铺量的范围为0.45～0.7kg/m^2，最佳用量为0.5kg/m^2。

从图4-26可以看出，试验温度为60℃时，曲线也出现了类似的变化趋势，但整体的变化幅度不大，且曲线峰值出现在了洒铺量为0.7kg/m^{2}的位置上。其中各洒铺量所对应的层间抗剪强度较25℃时下降幅度较大。在该温度下，推荐洒铺量的范围为0.5～0.7kg/m^2，最佳用量为0.7kg/m^2。

考虑到在高温条件下，层间抗剪强度受洒铺量的影响较小，且沥青用量过多会导致层间抗剪强度减小，故使用 SBS 热沥青作为黏层油时，推荐洒铺量的范围为 0.45 ~ 0.7kg/m^2。设计黏层油洒铺方案时，应根据工程所在地区的温度来考虑。持续高温频发地区，黏层油洒铺量取推荐区间内的下限，寒冷地区可选用推荐的上限值。

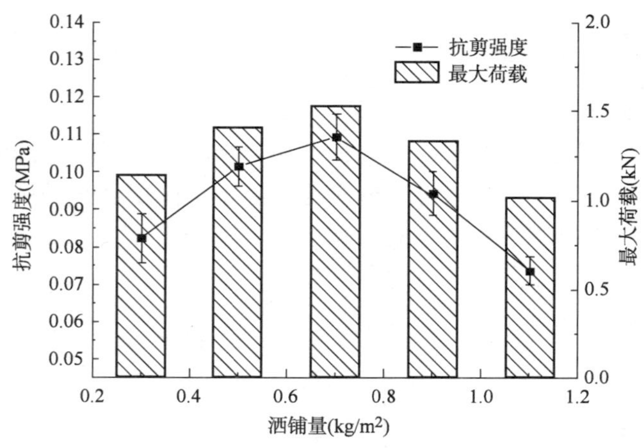

图 4-26　60℃时不同洒铺量下剪切试验结果

（2）水性环氧树脂

通过测定水性环氧树脂在不同洒铺量下的层间抗剪强度值，从而确定该黏层材料的最佳用量。其中水性环氧组成比例为 A 组分 : B 组分 : 水 = 1 : 1.5 : 0.5，加水的目的是为了稀释环氧树脂便于铺洒。由于环氧树脂为热固型材料，剪切强度在 25 ~ 60℃范围内几乎没有变化，故本节仅在 25℃下进行剪切试验，试验测试结果见图 4-27，破坏形貌如图 4-28 所示。

从图 4-27 中可以看出，试件的层间抗剪强度随着水性环氧树脂洒布量的增加而提高，到达一定阶段后，抗剪强度似乎略有下降。该层间抗剪强度的变化趋势与沥青基类的材料不同，产生差异的原因如下：

随着水性环氧树脂洒布量的增加，层间单位面积上的环氧树脂固化物含量就越多，在层间的孔隙未被水性环氧树脂全部填满时，黏层材料的黏聚力逐渐升高，使得层间抗剪强度不断升高，该阶段的层间抗剪强度变化规律与图 4-25 中呈现的规律是一致的；而当水性环氧树脂的洒布量达到一定程度时，层间的孔隙被全部填充后，由于热固性材料本身性能决定了它不会出现因沥青材料过多产生“润滑”作用而导致层间抗剪强度下降的现象，此时测得的抗剪强度更多地体现了材料本身的抗剪强度。从图 4-27 中可以看出，虽然剪切试件已发生破坏，层间却并未发生错动，而是在混合料内部发生了剪切破坏。故图 4-25 中的抗剪强度曲线没有出现明显的峰值，也不会呈现显著的衰减趋势。

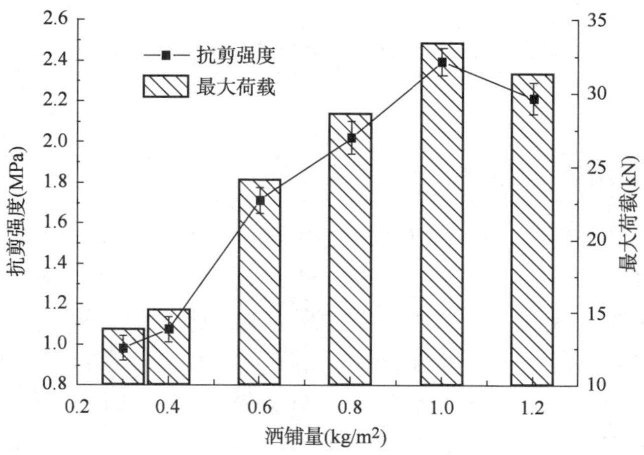

图4-27　25℃时不同水性环氧洒铺量下剪切试验结果

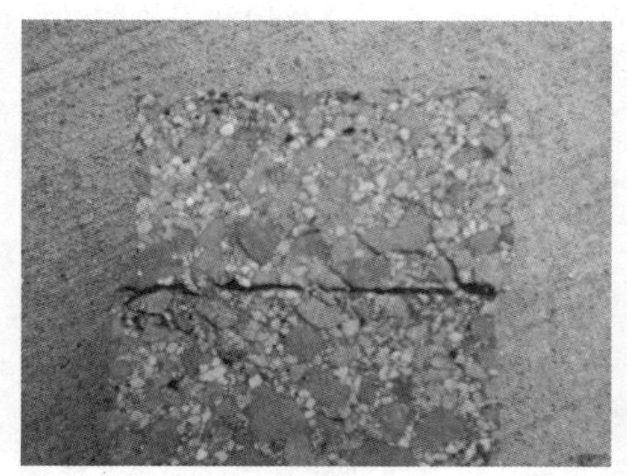

图4-28　剪切破坏后试件断面形貌

综合考虑试验研究结果和材料成本因素，确定水性环氧树脂洒铺量的推荐范围为0.3～0.4kg/m²，一般情况下最佳洒铺量取下限即可。

4.4.4　"冷黏"工艺效果评价

进一步比较上述"冷黏"工艺与常规工艺下的层间黏结性能差异，本节先用车辙板试模成型300mm×300mm×50mm的AC-13沥青混凝土板，分别涂抹热SBS改性沥青和水性环氧树脂两种黏层材料，然后将拌和好的RAC-10C型混合料迅速装填到双层车辙板试模中，碾压成型后，静置48h后切割成100mm×100mm×100mm的试件。在25℃和60℃下各自恒温8h，进行斜剪试验，试验结果如表4-31所示。其中SBS改性沥青和水性环氧树脂两种黏层材料的洒铺量分别为0.5kg/m^{2}和0.3kg/m^2。

常规工艺下试件剪切强度测试结果(单位:MPa) 表4-31

测试温度	25℃	60℃
水性环氧树脂	4.24	1.05
SBS改性沥青	2.88	0.80

综合表4-29与图4-25～图4-27对比可知,常规工艺下的层间抗剪强度明显高于"冷黏"工艺下的抗剪强度,尤其是SBS热沥青作为黏层材料时,试件60℃的抗剪强度仍保持较高水平。产生上述现象的原因主要有两个:

(1)"冷"+"冷"试件的层间剪切强度主要取决于黏层油的黏结强度,而"热"+"冷"试件在成型的过程中上下两层的表面在碾压过程中已完全嵌挤在一起,其剪切强度不仅由黏层油的黏结强度决定,还受层间嵌挤的摩擦力影响。

(2)RAC-10C型混合料使用的是自制改性沥青,在试件装填和碾压的过程中,部分自由沥青浸润下表面与SBS改性沥青混合后共同承担了黏层作用,本书第3章的研究已表明该沥青在60℃下具有很好的黏附性和黏聚力,这也可以从另一方面解释了60℃下试件仍有较高抗剪强度的原因。

4.5 可卷曲沥青混合料技术指标的提出

可卷曲沥青混合料技术指标应通过对推荐级配范围内不同级配在其最佳油石比下的性能测试,并加以总结、提升后制定的。可卷曲沥青混合料卷曲性能指标是根据卷筒的尺寸和预制路面的厚度来确定的,不同卷筒尺寸和预制路面厚度所对应的卷曲性能指标列于表2-3。可卷曲预制沥青路面的常规路用性能指标应遵循《公路沥青路面施工技术规范》(JTG F20—2004)的要求。

此外由于在相同油石比下,不同级配的混合料体积指标相差不大,因而将同时满足弯曲性能要求和路用性能要求的油石比为6.5%～8%的RMA改性沥青混合料的体积指标测试数据进行归纳、提炼,在此基础上制定可卷曲沥青混合料的技术指标,具体技术要求如表4-32～表4-34所示。

推荐的可卷曲沥青混合料的矿料级配 表4-32

孔径(mm)	13.2	9.5	4.75	2.36	1.18	0.6	0.3	0.15	0.075
通过率范围(%)	100	90～100	40～60	26～35	20～28	16～23	13～18	10～15	8～12

可卷曲沥青混合料设计指标范围　　表4-33

指标	抗压回弹模量(MPa)	空隙率(%)	矿料间隙率(%)	沥青饱和度(%)	油石比(%)
范围	800～1200*	2～3.5	15～20	79～89	6.5～8

注：*抗压回弹模量测试条件为25℃、10Hz。

可卷曲沥青混合料弯曲性能及路用性能指标　　表4-34

指　　标	技术要求	试验方法
10℃弯曲试验破坏应力(MPa)	>2.5	T 0715
10℃弯曲试验破坏应变(με)	>27000	T 0715
-10℃弯曲试验破坏应变(με)	>8000	T 0715
动稳定度(次/mm)	>2400	T 0719
浸水马歇尔试验残留稳定度(%)	>85	T 0709
冻融劈裂试验残留稳定度(%)	>80	T 0729
渗水系数(mL/min)	<120	T 0730

注：表中沥青混合料的弯曲性能基于卷筒直径为1.5m、路面厚度为40mm确定的。

第 5 章 可卷曲预制沥青路面力学响应分析

本章基于有限元模拟,分别建立了考虑沥青材料黏弹特性的小梁三点弯曲试验模型、卷筒卷曲预制沥青路面模型的三维有限元分析模型,对荷载作用下各模型的应力、应变进行了数值仿真分析。在此基础上,将小梁三点弯曲和卷筒卷曲预制沥青路面的力学响应相联系,提出了满足可卷曲预制路面的沥青混合料弯曲性能指标。

5.1 预制路面有限元模型材料黏弹性参数的确定

沥青混合料的力学行为最主要的表现为黏弹特性,在黏弹性本构方程中,常使用 Burgers 模型、修正 Burgers 模型和广义 Maxwell 模型来描述沥青混合料的黏弹特性,如图 5-1 所示。

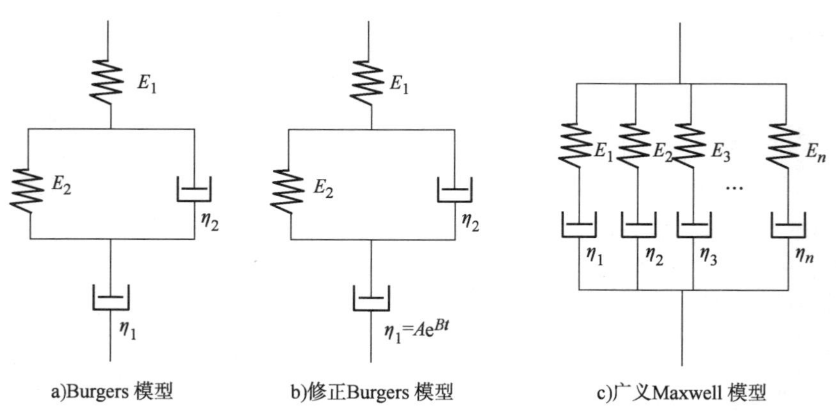

图 5-1 三种黏弹性力学模型

Burgers 模型由 Maxwell 模型和 Kelvin 模型串联组成,模型简单明了,可以较好地反映沥青混合料中温及低温状况下的短期黏弹特性,并且能够同时描述材料的蠕变与松弛特性。沥青混合料的黏性流动变形并不随着荷载作用时间的延长而无限增加,而是最终趋于一个稳定值,即产生“固结效应”。然而 Burgers 模型无法反映出沥青混合料永久变形的固结效应。

修正 Burgers 模型是在 Burgers 模型的基础上,对其中第一黏性元件进行非线性修正,使得原黏壶元件扩展为广义黏壶,即 $\eta_1(t)=Ae^{Bt}$,可以较好地模拟沥青混合料在高温或长期荷载作用下的永久固结效应,弥补了 Burgers 模型的不足。但此模型的应力应变特性并不服从波尔兹曼(Boltzman)线性叠加原理,给后期的数据处理与分析带来一定的不便。

广义的 Maxwell 模型由若干个 Maxwell 模型并联组成,能较好地描述黏弹性材料的应力松弛特征,特别是通过调整 E_i、τ_i 改变松弛曲线的形态以适应不同材料的特点,但该模型不适合描述蠕变过程。

本章主要考察沥青混合料在中低温条件下弯曲过程中的应力应变状况。由于预制沥青路面卷曲时间相对较短,无须考虑混合料的变形“固结效应”,且沥青混合料的黏弹性参数可以通过三点弯曲蠕变试验获得,综合考虑后选取 Burgers 模型来描述其行为特征。

5.1.1 ABAQUS 软件中材料黏弹性的定义

蠕变试验是最容易实现的黏弹性力学试验,故本章通过拟合该实验测试曲线来确定沥青混合料的黏弹性参数。ABAQUS 软件提供了三种主要用来描述金属材料的黏弹性模型,即时间硬化模型 $\dot{\varepsilon}_{cr}=A\bar{q}^n t^m$、应变硬化模型 $\dot{\varepsilon}_{cr}=\{A\bar{q}^n[(m+1)\bar{\varepsilon}^{cr}]^m\}^{1/m+1}$ 和双曲正弦模型 $\dot{\varepsilon}_{cr}=A(\sinh B\bar{q})^n\exp[-\Delta H/R(\theta-\theta^Z)]$,这三种模型均不能区分出沥青混合料的黏弹性变形和黏性流动变形。沥青混合料的黏弹性本构模型并没有包含在 ABAQUS 软件中,为弥补这一不足,ABAQUS 提供了两种解决途径,即用户子程序(User Subroutine)自定义 Burgers 模型以及用 Prony 级数来表征材料的松弛模量。

用户材料子程序 UMAT(User-Defined Material Mechanical Behavior)是 ABAQUS 提供给用户进行材料本构模型二次开发的一个用户子程序接口,采用 Fortran 语言编写。它从主程序获取数据,计算单元的材料积分点的雅可比矩阵,并更新应力张量和状态变量后返回主程序。

在 ABAQUS 中,材料的黏弹性力学行为是通过特性模块(Property)中的 Visco-elastic 属性来定义,其中可以采用 Prony 级数来表征材料的松弛模量,如式(5-1)所示。

$$g(t)=1-\sum_{i=1}^{n}g_i(1-e^{-\frac{t}{\tau_i}}) \tag{5-1}$$

式中：$g(t)$——规格化松弛模量，$g(t)=E(t)/E(0)$；

t——测试时间；

n——Prony 级数的项数；

g_i、τ_i——待定系数。

相对于编写用户材料子程序，直接输入 Prony 级数的回归参数值 g_i 与 τ_i 更为简便，但相应描述材料力学行为的准确性会有所降低。若采用该方法计算得到可卷曲沥青混合料的力学响应与试验测试结果之间的误差处于可接受范围，本书最终将选取 Prony 级数拟合的方法来确定用于 ABAQUS 有限元分析的黏弹性参数。

5.1.2 蠕变柔量与松弛模量相互转换

蠕变和松弛是黏弹性材料的两个基本力学现象。蠕变是当应力不变时，应变随时间的变化，称之为应变史（Strain History）。松弛试验是当应变恒定时，观察应力随时间的变化，称之为应力史（Stress History）。我们用蠕变试验来定义蠕变柔量，用松弛试验来定义松弛模量，即

$$J(t)=\frac{\varepsilon(t)}{\sigma_0}\neq\frac{\varepsilon_0}{\sigma(t)}=\frac{1}{G}(t) \tag{5-2}$$

由上述公式可知，蠕变柔量与松弛模量之间的换算不是简单的反比关系。

目前，将蠕变试验曲线转换成松弛模量的 Prony 级数表达方法，主要有以下三种：

1）Burgers 模型蠕变柔量—Burgers 模型松弛模量—Prony 级数拟合

Burgers 模型蠕变柔量表示如下：

$$J(t)=\frac{1}{E_1}+\frac{1}{\eta_1}+\frac{1}{E_2}\left(1-\mathrm{e}^{-\frac{E_2 t}{\eta_2}}\right) \tag{5-3}$$

Burgers 模型松弛模量表示如下：

$$G(t)=\frac{E_1}{\alpha-\beta}\left[\left(\frac{E_2}{\eta_2}-\beta\right)\mathrm{e}^{-\beta t}-\left(\frac{E_2}{\eta_2}-\alpha\right)\mathrm{e}^{-\alpha t}\right] \tag{5-4}$$

式中，$\alpha=\frac{p_1+\sqrt{p_1^2-4p_2}}{2p_2}$；$\beta=\frac{p_1-\sqrt{p_1^2-4p_2}}{2p_2}$；$p_1=\frac{\eta_1}{E_1}+\frac{\eta_1+\eta_2}{E_2}$；$p_2=\frac{\eta_1\eta_2}{E_1E_2}$。

将式（5-3）回归得到的四参数代入式（5-4），可以画出松弛模量对应时间 t 的曲线，再将该曲线进行 Prony 级数回归，得到 g_i 与 τ_i。

2）Burgers 模型蠕变柔量—Prony 级数参数

Burgers 模型的本构关系：

$$\sigma + p_1\dot{\sigma} + p_2\ddot{\sigma} = q_1\dot{\varepsilon} + q_2\ddot{\varepsilon} \tag{5-5}$$

式中，$p_1 = \dfrac{\eta_1 E_1 + \eta_1 E_2 + \eta_2 E_1}{E_1 E_2}$；$p_2 = \dfrac{\eta_1\eta_2}{E_1 E_2}$；$q_1 = \eta_1$；$q_2 = \dfrac{\eta_1\eta_2}{E_2}$。

在 ABAQUS 中所要输入的是剪切模量的 Prony 级数形式，因此需要将 Burgers 模型本构关系式（5-5）转化为 ABAQUS 中所需要的 Prony 级数的形式。将弹性模量转化为剪切模量：

$$\begin{aligned} G_1 &= \frac{E_1}{2}(1+\mu) \\ G_2 &= \frac{E_2}{2}(1+\mu) \end{aligned} \tag{5-6}$$

将上述公式代入 Burgers 模型的本构关系式（5-5）中。

式中，$p_1 = \dfrac{\eta_1}{G_1} + \dfrac{\eta_1 + \eta_2}{G_2}$；$p_2 = \dfrac{\eta_1\eta_2}{G_1 G_2}$；$q_1 = 2\eta_1$；$q_2 = \dfrac{2\eta_1\eta_2}{G_2}$。

同理，松弛变量如下：

$$Y(t) = \frac{2G_1}{\alpha - \beta}\left[\left(\frac{G_1}{\eta_2} - \beta\right)e^{-\beta t} - \left(\frac{G_2}{\eta_2} - \alpha\right)e^{-\alpha t}\right] \tag{5-7}$$

式中，$\alpha、\beta = \dfrac{p_1 \pm \sqrt{p_1^2 - 4p_2}}{2p_2}$。

剪切模量如下：

$$\begin{aligned} G(t) &= \frac{Y(t)}{2} = \frac{G_1}{\alpha - \beta}\left[\left(\frac{G_2}{\eta_2} - \beta\right)e^{-\beta t} - \left(\frac{G_2}{\eta_2} - \alpha\right)e^{-\alpha t}\right] \\ &= G_\infty + G_0\left(g_1 e^{-\frac{t}{\tau_1}} - g_2 e^{-\frac{t}{\tau_2}}\right) \end{aligned} \tag{5-8}$$

式中，$G_\infty = 0$，$G_0 = G_1 = \dfrac{E_1}{2(1+\mu)}$，$g_1 = \dfrac{\dfrac{G_2}{\eta_2} - \beta}{\alpha - \beta}$；$g_2 = -\dfrac{\dfrac{G_2}{\eta_2} - \alpha}{\alpha - \beta}$，$\tau_1 = \dfrac{1}{\beta}$，$\tau_2 = \dfrac{1}{\alpha}$。

3）蠕变柔量—松弛模量—Prony 级数拟合

式（5-2）可以说明蠕变柔量和松弛模量虽不成反比关系，然而学者在研究中发现它们之间可以建立如下联系：

假设进行应力松弛试验，施加一个应变 $\Delta\varepsilon$，应力即为 $\sigma(t)=\Delta\varepsilon G(t)$，应用 Boltzmann 加和型原理式得：

$$\varepsilon(t) = J_0\sigma(t) + \int_0^t \sigma(t-T)\frac{\mathrm{d}J(T)}{\mathrm{d}T}\mathrm{d}T = \Delta\varepsilon \tag{5-9}$$

由于 $\sigma(t)=\Delta\varepsilon G(t)$，$\sigma(t-T)=\Delta\varepsilon G(t-T)$。

因此：

$$\Delta\varepsilon J_0 G(t) + \int_0^t \Delta\varepsilon G(t-T)\frac{\mathrm{d}J(T)}{\mathrm{d}T}\mathrm{d}T = \Delta\varepsilon \tag{5-10}$$

$$J_0 G(t) + \int_0^t G(t-T)\frac{\mathrm{d}J(T)}{\mathrm{d}T}\mathrm{d}T = 1 \tag{5-11}$$

将上式做进一步变换后，得到式(5-12)：

$$J_0 G(t) + \int_0^t \{G(t) + [G(t-T) - G(t)]\}\frac{\mathrm{d}J(T)}{\mathrm{d}T}\mathrm{d}T = 1 \tag{5-12}$$

对上式积分中 $G(t)$ 项进行积分，得：

$$\begin{aligned} G(t)J(t) + \int_0^t [G(t-T) - G(t)]\frac{\mathrm{d}J(T)}{\mathrm{d}T}\mathrm{d}T &= 1 \\ G(t)J(t) &= 1 - \int_0^t [G(t-T) - G(t)]\frac{\mathrm{d}J(T)}{\mathrm{d}T}\mathrm{d}T \end{aligned} \tag{5-13}$$

理论上来讲，进行了蠕变试验测试，得到 $J(t)$ 便可求解 $G(t)$，但实际上要解该方程并非易事，需要进行拉普拉斯变化，并且要求积分时间内的数据点是连续的，目前蠕变试验测试设备无法连续采集试验数据。针对这一问题，薛忠军博士参照 Hopkins 和 Hamming 对该积分提出的求解方法，对时间域进行离散，建立了 $J(t)$ 和 $G(t)$ 的迭代表达式，即：

$$\begin{aligned} G(t_{n+\frac{1}{2}}) &= \frac{t_{n+1} - \sum_{i=0}^{n-1} G(t_{i+\frac{1}{2}})[f(t_{n+1}-t_i) - f(t_{n+1}-t_{i+1})]}{f(t_{n+1}) - f(t_n)} \\ f(t_{n+1}) &= f(t_n) + \frac{1}{2}[J(t_{n+1}) + J(t_n)](t_{n+1}-t_n) \end{aligned} \tag{5-14}$$

式中：$G(t_{n+1/2})$——t_n、t_{n+1}时间区间的中值；

n——采集点，$f(0)=0$。

利用式(5-14)将蠕变柔量曲线转换成松弛模量曲线，再通过数学软件将其拟合成 Prony 级数表达。

以 RMA3 改性沥青混合料 RAC-10C 为例，使用 MTS 电液伺服加载系统进行小梁的三点弯曲蠕变试验。为考察可卷曲预制沥青路面在较低温度下施工的可行性，试验温度设为 10℃。以破坏荷载的 10% 作为弯曲蠕变试验的荷载 P_0，对于该试件，施加的荷载为 135N，设备每隔 0.01s 采集一次数据，根据前 500s 测试数据计算得出的蠕变柔量见图 5-2。

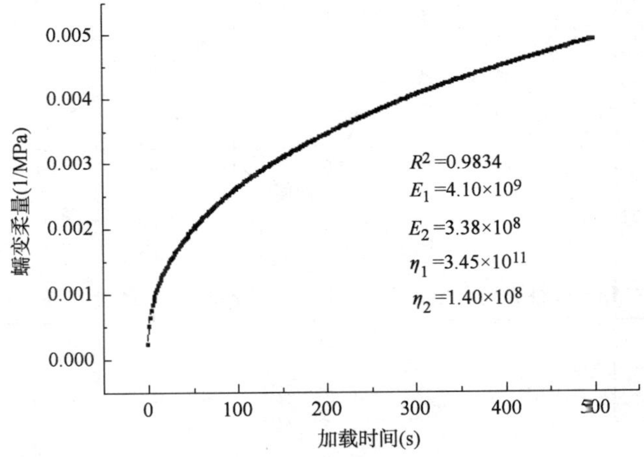

图 5-2 三种黏弹性力学模型

对图 5-2 的数据进行 Burgers 模型拟合，其中：

$$\begin{cases} E_1 = 4.10 \times 10^9 \\ E_2 = 3.38 \times 10^8 \\ \eta_1 = 3.45 \times 10^{11} \\ \eta_2 = 1.40 \times 10^8 \end{cases}$$

根据方法一可知：

$$\begin{cases} p_1 = 1105.53 \\ p_2 = 34.90 \\ \alpha = 31.67 \\ \beta = 0.91 \times 10^{-3} \end{cases}$$

因此，Burgers 模型的松弛模量应为：

$$G(t)=129.45\times(2.41e^{-31.67t}+29.26e^{-0.00091t})\tag{5-15}$$

规格化后的松弛模量曲线 $g(t)$ 及 Prony 级数的拟合结果如图 5-3 和表 5-1 所示。

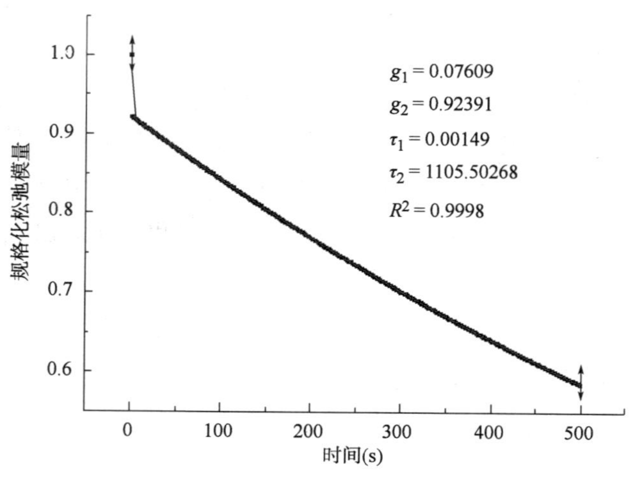

图 5-3　方法一拟合结果

RMA3 改性沥青混合料 RAC-10C 的 Prony 级数拟合结果汇总　　表 5-1

回归系数	g_1	g_2	τ_1	τ_2
方法一	0.9239	0.0761	0.0015	1.1055×10^3
方法二	0.9239	0.0761	0.0852	2.9849×10^3
方法三	0.8056	0.1402	2.6165	76.0092

根据方法二，利用 Matlab 软件计算 Burgers 模型转换为 Prony 级数的四参数 g_1、g_2、τ_1、τ_2；将每个数据采集点的蠕变柔量转换成松弛模量后，绘制整个测试时间域内的松弛模量曲线，并进行 Prony 级数回归，其拟合结果如图 5-4 和表 5-1所示。

5.1.3　黏弹性参数选取的准确性验证

在对小梁三点弯曲试验、预制沥青路面卷曲过程进行 ABAQUS 有限元力学模拟与分析之前，需对材料计算参数的准确性进行检验。为了选取更为合理的松弛模量换算模型，本小节对沥青混合料的小梁三点弯曲蠕变试验进行力学模拟，分别将表 5-1 中的三组 Prony 级数的拟合参数代入有限元分析模型中，模型如图 5-5 与图 5-6 所示。

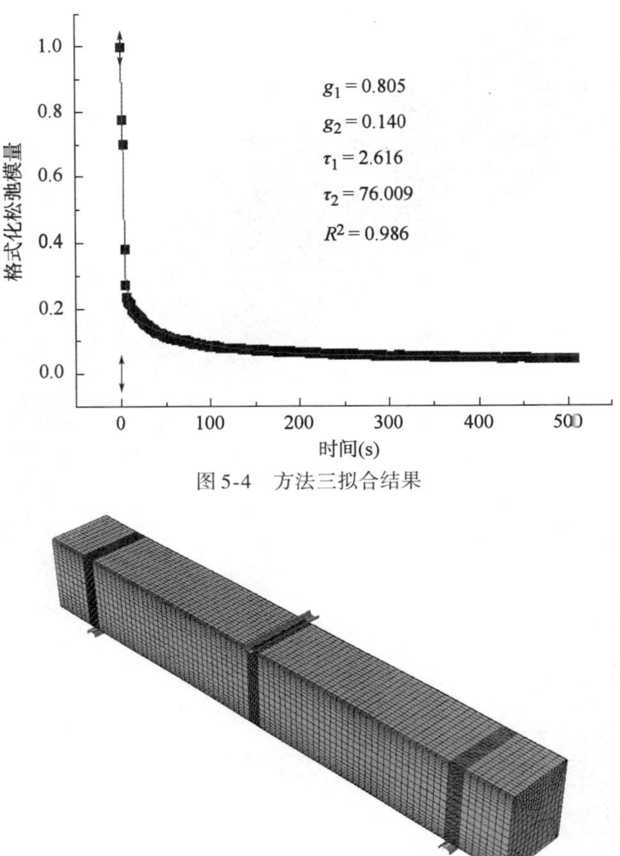

图 5-4 方法三拟合结果

图 5-5 三点弯曲蠕变试验模型

在实际操作中,小梁弯曲试验从加载到小梁破坏所需时间为 0 ~ 5min;预制沥青路面中任一点随着卷筒转动,应力/应变从零增长到最高值并回落到稳定值的时间历程一般不会超过 10min,因此本节只需考察沥青混合料在静载作用 500s 内的黏弹特性力学响应与实测结果的吻合程度。对小梁施加 135N 的静载,三种材料参数计算得出的小梁跨中挠度与 10℃实测挠度汇总于图 5-7。

从图 5-7 中可以看出,文献中提供的前两种松弛模量换算方法用于此处所建的蠕变模型计算后,跨中挠度与实测结果相距甚远,而使用方法三换算后的参数代入有限元计算得到的结果与测试数据基本吻合。不使用用户子程序 UMAT,而采用换算后的松弛模量进行 Prony 级数表达的简便方法来描述沥青混合料的黏弹特性是可行的,故该模型及材料参数计算方法将用于本章进一步的力学响应分析中。

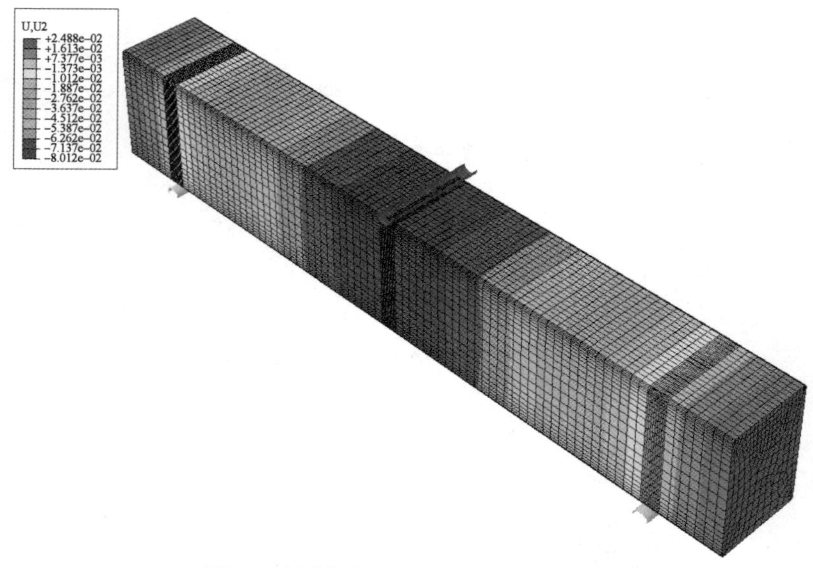

图 5-6 蠕变加载 500s 后的竖向位移分布图

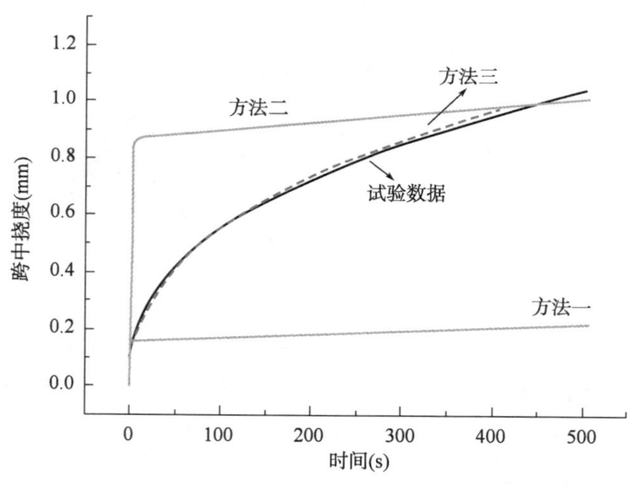

图 5-7 RAC-10C 蠕变试验与数值模拟结果对比

5.2 预制路面有限元模型的建立

采用 ABAQUS 有限元软件建立预制沥青路面卷曲的力学响应模型。模型主要分为三个部分：预制沥青路面、卷筒及底板。为了避免次要部位给计算带来的不利影响,在不影响计算结果准确性的前提下,对模型的一些部位采取简化处理。预制沥青路面卷曲过程可以近似简化为二维平面应力问题,但考虑到预制沥青路面端部与卷筒的锚固作用以及沥青混合料的尺寸效应等,本研究选择通过三维模型来模拟预制沥青路面的卷曲。三个部件组配后的效果图如图5-8所示。

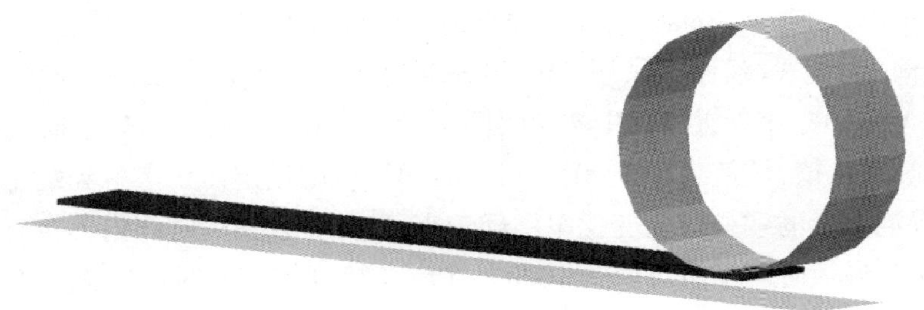

图5-8　预制沥青路面卷曲模型

5.2.1　模型尺寸确定

为考察不同卷筒尺寸及路面厚度对卷曲过程中沥青混合料的受力影响,所建模型中卷筒的直径依次为1250mm、1500mm、1750mm、2000mm和2250mm,卷筒的宽度统一设为1500mm;模型中预制沥青路面的厚度分别设为20mm、30mm、40mm和50mm,路面宽度1200mm,路面的长度设为卷筒尺寸的1.5倍。底板的尺寸为长11000mm、宽1600mm。

5.2.2　材料参数设定

模型中卷筒及底板的刚度远高于沥青路面,且不是本书研究对象,故将其二者均设置为离散刚体,不需要设定材料参数。预制沥青路面设置为可变形体,材料的黏弹性参数如表5-2所示。

沥青混合料黏弹性参数表　　表5-2

级配	沥青类型	初始模量(MPa)	泊松比	密度(g/mm^3)	g_1	g_2	τ_1	τ_2
RAC-10C	RMA3	1100	0.35	2.5×10^{-9}	0.8862	0.0779	0.7632	41.3247
	高黏沥青	3200	0.35	2.5×10^{-9}	0.8056	0.1402	2.6165	76.0092

5.2.3　分析步与增量的设定

本书模拟预制沥青路面卷曲过程,分为以下四个分析步:

(1)初始分析步 Initial:定义底板和卷筒上的边界条件。

(2)第一分析步 Incontact:让卷筒逆时针旋转 0.1rad,使预制沥青路面与卷筒的接触关系平稳地建立起来。

(3)第二分析步 Gravity:对预制沥青路面施加重力荷载,建立预制沥青路面与底板的接触关系。

(4)第三分析步 Rotation:让卷筒在逆时针旋转的同时带动预制沥青路面卷曲在卷筒之上。荷载种类采用 ABAQUS 专门用于材料蠕变及黏弹性分析的荷载类型 VISCO。在分析过程中初始时间增量为 0.01,分析步的最小时间增量为 ABAQUS 默认值,该值为 0.00001s;最大时间增量的设定需要考虑到蠕变试验后期,沥青混凝土的蠕变应变变化率已经较小,试件在较长的时间内不会有太大的形变,于是最大时间增量可取为 1000。在应变精度控制的时候因为本次试验的最大应变约为 0.003,设定蠕变应变允许变化参数 CETOL 为 0.001 即可满足蠕变应变变化的精度要求,系统会自动从初始的时间增量开始逐步在最小时间增量与最大时间增量之间调整时间增量的变化值。

5.2.4 荷载及约束条件

在整个分析过程中,对底板进行固支约束,使其固定不动。卷筒仅围绕着平行于 Z 轴、两个参考点连成的直线(与预制沥青路面短边相平行)进行转动,转速根据实际情况换算确定。

预制沥青路面的上表面与卷筒外表面、下表面与底板上表面之间设置接触,切线方向设置为一个摩擦系数(根据实际情况测试),法线方向接触属性设置为“硬接触”。由于仅有预制沥青路面为可变形体,因而选择与沥青路面接触的卷筒和底板表面为接触主面,并将接触面间设置为有限滑动。预制沥青路面是通过铆钉锚固在卷筒上,在建模过程中对两个铆钉孔内表面与卷筒参考点设置运动耦合,使其预制路面的端部相对于约束控制点发生刚体运动,以此来模拟卷筒带动沥青路面旋转的过程。

5.2.5 网格划分

由于模型中卷筒及底板为离散刚体,无须对其进行网格划分,故仅需对预制沥青路面进行网格划分。在数值模拟过程中,预制沥青路面会发生较大的弯曲变形,为避免产生剪切自锁现象,故试件的划分采用线性减缩积分六面体单元 C3D8R。网格划分思路为:地毯式沥青路面涉及大范围受力卷曲,在整体网格上受力均匀,但在铆钉孔处会出现很大应力集中。

因此预制沥青路面的网格划分,首先对整体进行网格均匀划分,在此基础上对铆钉孔处进行加密处理。整个网格算法采用映射网格划分。

5.3　预制路面有限元模拟力学响应结果分析

图5-9为预制沥青路面卷曲过程Mises应力分布云图,从图中可以看出,Mises应力最大值始终位于预制沥青路面端部的锚固处。在施工过程中,有许多较为实用的方法可以减少锚固处的应力集中问题,只要保证所受拉力小于沥青混合料的抗拉强度即可,故暂不列为本书的研究重点。本节主要考察预制沥青路面上任一点(处于锚固端应力集中影响之外)在卷曲过程中所受拉应力/拉应变的变化趋势及极值。

a)施加重力荷载后Mises应力分布云图

b)旋转30°后Mises应力分布云图

图　5-9

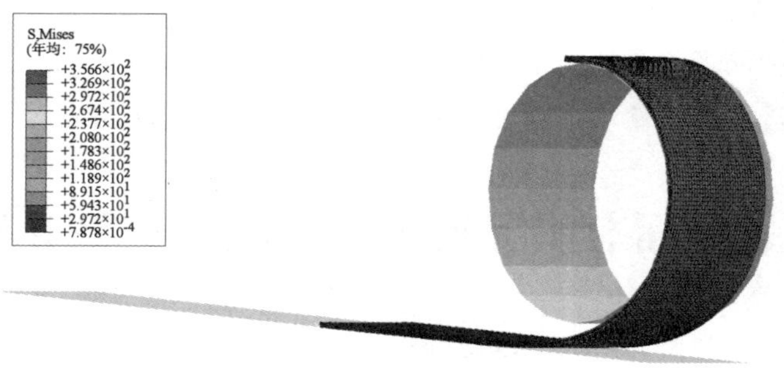

c)旋转180°后Mises应力分布云图

d)旋转270°后Mises应力分布云图

图 5-9 预制沥青路面卷曲过程 Mises 应力分布云图

无论是 Mises 应力还是 S_{11}、S_{22} 等应力分量均是基于全局坐标系的，而预制沥青路面底部所受拉应力的矢量方向与坐标轴方向是随着卷筒旋转角度的变化而不断变化的，如图 5-10 所示。

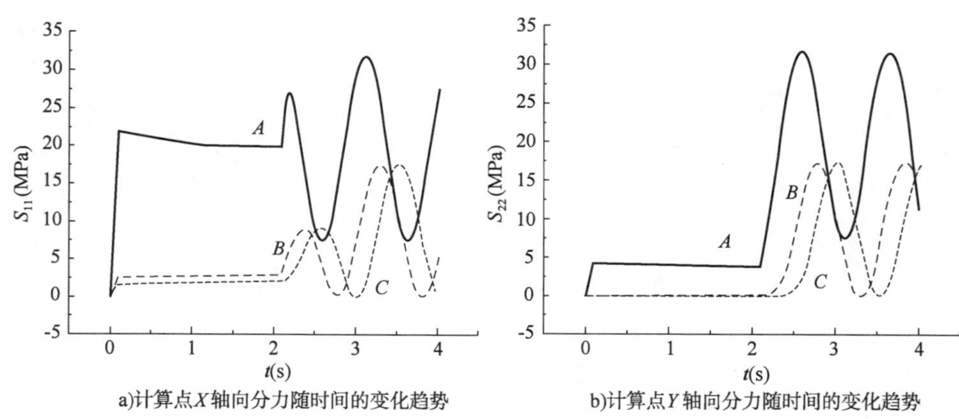

a)计算点X轴向分力随时间的变化趋势

b)计算点Y轴向分力随时间的变化趋势

图 5-10 笛卡尔坐标系下计算点的应力变化趋势

图中 A、B、C 三点分别取自端部锚固处、纵向距端部锚固处 560mm、纵向距端部锚固处 1100mm，由各自应力波峰出现的时间先后顺序亦可判断出这三点相互所处的位置。从图 5-10a)可知，当分析步 1 转动 0.1s 时，三点的 X 轴方向的力均有所增加；分析步 2 和分析步 3 的步长各 1s，分别施加重力荷载和预制沥青地面与底板表面接触的摩擦力，对于与底板接触的 B、C 点来说 X 方向的力几乎没有变化，而 A 点受力状况变化较为明显；分析步 4 从 2.1s 开始，卷筒带动预制沥青路面进行卷曲，在转动过程中预制沥青路面受到卷筒牵引力、重力和与底板摩擦力的共同作用，计算点所受力在 X 轴方向的投影呈周期性的增大或减小。计算点 Y 轴方向力(S_{22})的变化趋势与 S_{11} 较为类似，故不再累述。另外，锚固端处的应力集中较为明显，A 点所受的拉应力的最大值已超过了沥青混合料的极限弯曲强度，远大于 B、C 两点所受拉应力。

计算点所受的应力分量随着转角的变化而变化，为了便于后续分析，在提取应力、应变分析结果之前，应设置局部坐标系，将笛卡尔坐标系改为圆柱体坐标系。转换坐标系后，三点径向和切线方向的应力、应变见图 5-11、图 5-12。坐标系转变后，预制沥青路面所受的弯拉应力/应变可通过切线方向的应力/应变来表征。由两图可知，B、C 两点所受的应力、应变随时间的变化趋势不同，但各自曲线的最大值较为接近，说明不考虑端部锚固处的应力集中，预制沥青路面纵断面上底部各点所受力的极值基本相同。

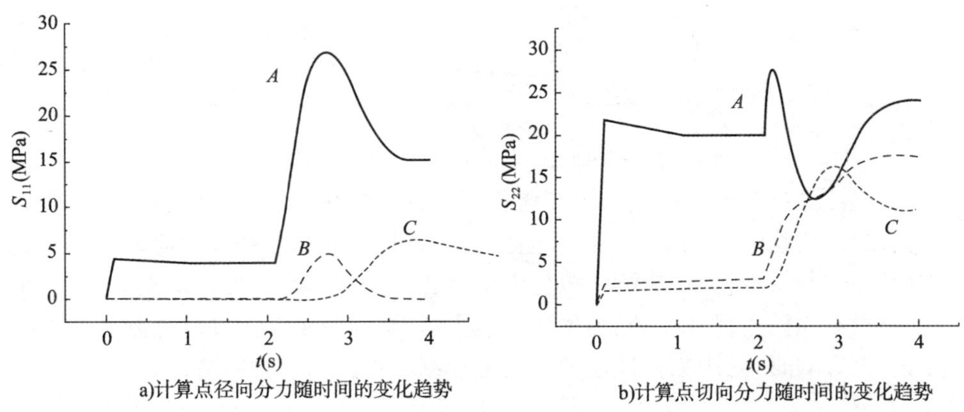

图 5-11 圆柱体坐标系下计算点的应力变化趋势

为考察尺寸效应对沥青混合料计算结果的影响，截取预制沥青路面任一横截面，比较截面底部四等分点及两个端点的受力状况，5 个点所受应力极值从左到右依次列于图 5-13。从中可知，在同一截面底部各点所受应力水平基本相同，端部节点所受应力略高。

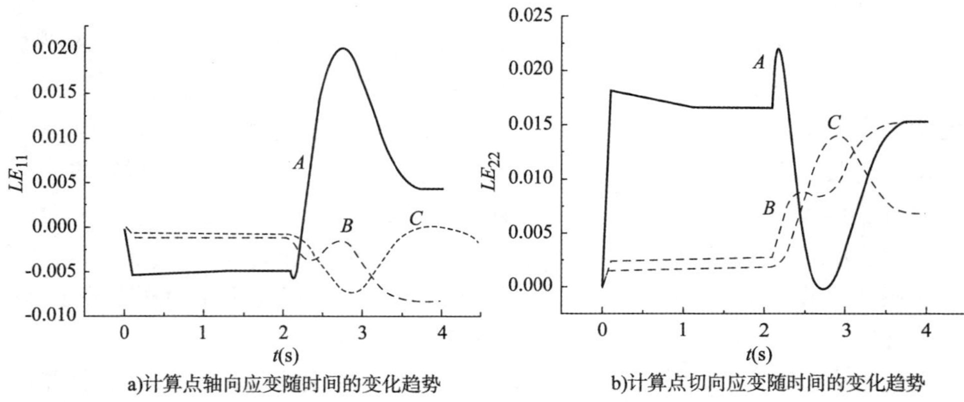

a)计算点轴向应变随时间的变化趋势　　b)计算点切向应变随时间的变化趋势

图 5-12　圆柱体坐标系下计算点的应变变化趋势

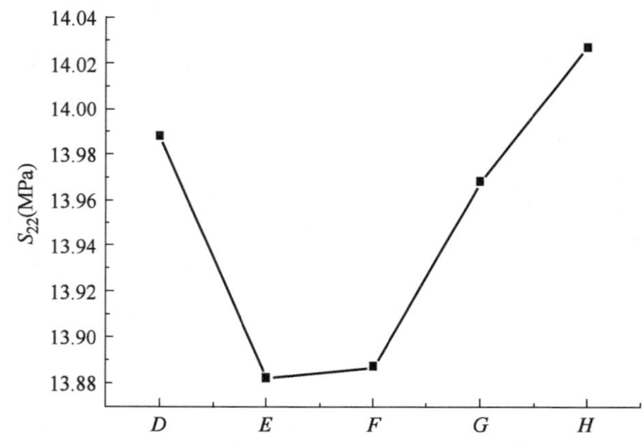

图 5-13　横截面底部等距离 5 个点切向应力对比图

上述计算分析的目的是为了探讨预制沥青路面在卷曲过程中各节点所受应力极值的变化趋势，为节约计算成本，没有考虑材料的黏弹特性。通过对不同点受力状况的分析，可为在后续模拟仿真中计算参考点的选取提供依据。此外，在后续分析不同模型尺寸、不同类型沥青混合料、不同施工工艺等对预制沥青路面卷曲受力影响时，采用黏弹性模型来表征预制沥青路面的材料特性。

5.4　预制沥青路面力学响应影响因素研究

5.4.1　路面厚度的影响效果

卷筒的直径和路面的厚度在卷曲过程中对可卷曲预制沥青路面的受力影响

最大。卷筒的直径越大,预制沥青路面卷曲时的挠度越小,所受弯拉应力和弯拉应变也越小,然而卷筒的直接过大,会导致与其配套设备的尺寸难以匹配,且施工不便。基于上述原因,卷曲模拟仿真模型中卷筒直径均设置为 1.5m,暂不对不同直径卷筒的卷曲过程进行力学模拟。

本小节重点探讨预制沥青路面的厚度对可卷曲预制沥青路面的受力状况的影响,计算模型如 5.2 节所述,暂不考虑温度对混合料性能的影响,沥青黏弹性参数采用表 5-2 中第二行的数据,卷筒的转速设置为 3rad/s。设置预制沥青路面的厚度分别为 20mm、30mm、40mm 与 50mm,不同厚度的预制沥青路面卷曲过程中的受力模拟结果如图 5-14 与图 5-15 所示。

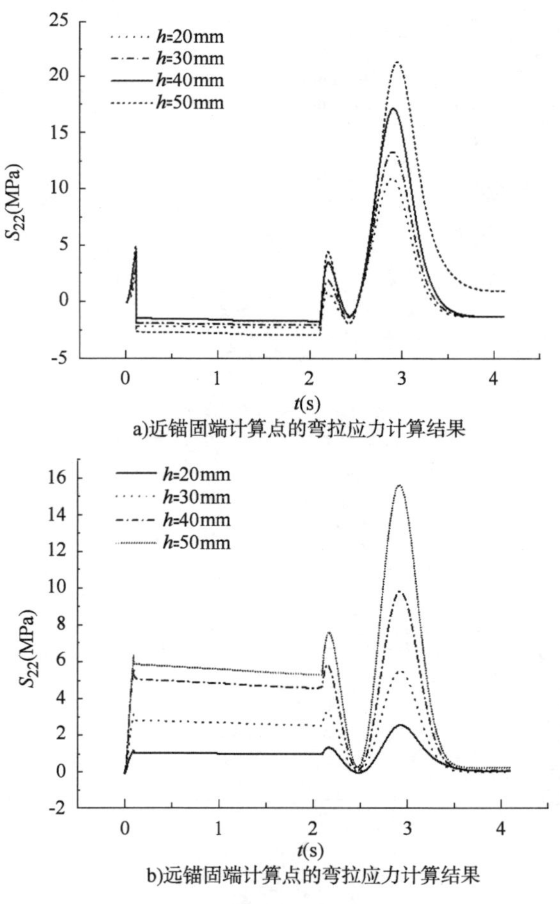

图 5-14　不同厚度的预制沥青路面卷曲时所受弯拉应力状况

图 5-14 给出了路面不同厚度下计算点弯拉应力随时间的变化趋势,可以

看出：

(1)由于锚固端存在应力集中现象，近锚固端计算点切线方向上所受应力值明显高于远锚固端计算点的应力值。

(2)近锚固端各点所受弯拉应力随着路面厚度的增加而增大，从最开始的11.01MPa增加到21.44MPa，厚度每增加10mm，计算点弯拉应力的增幅分别为22.6%、27.8%和24.3%；位于锚固端较远的计算点也具有同样的趋势，厚度每增加10mm，计算点的弯拉应力的增幅分别为53.2%、77.9%和58.6%。

(3)近、远锚固端计算点所受弯拉应力的差异随着路面厚度的减小而更加显著。

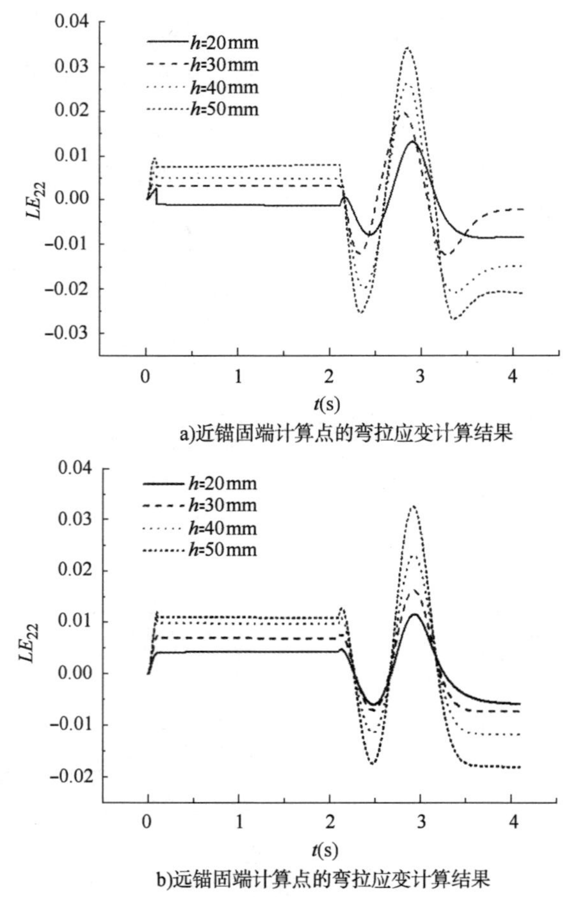

图5-15 不同厚度的预制沥青路面卷曲时所受弯拉应变状况

图5-15为路面不同厚度下计算点弯拉应变随时间的变化趋势，由于锚固端

存在应力集中现象,近锚固端计算点弯拉应变值比远锚固端计算点的应变值高,在同一路面厚度条件下,二者的差距并不明显;近、远锚固端计算点弯拉应变随着路面厚度的增加而增加,路面厚度每增加10mm,计算点弯拉应变的增幅分别为29.8%、33.5%、33.4%和36.1%、46.7%、41.2%。不同路面厚度的近、远锚固端计算点弯拉应变比值范围为1.0~1.3。

由小梁弯曲试验结果可知,10℃下沥青混合料的弯拉强度处于1.5~8.5MPa之间,而图5-14、图5-15中的弯拉应力普遍高于该范围,这是由于卷筒转速过快导致的,下一节将着重探讨卷曲不同转速对预制沥青路面受力的影响。此外,图5-16b)所示的最大弯拉应变,换算成小梁弯曲试验中的跨中挠度后,其最大值为6.5mm,这对于RMA改性沥青混合料是完全可以达到的。

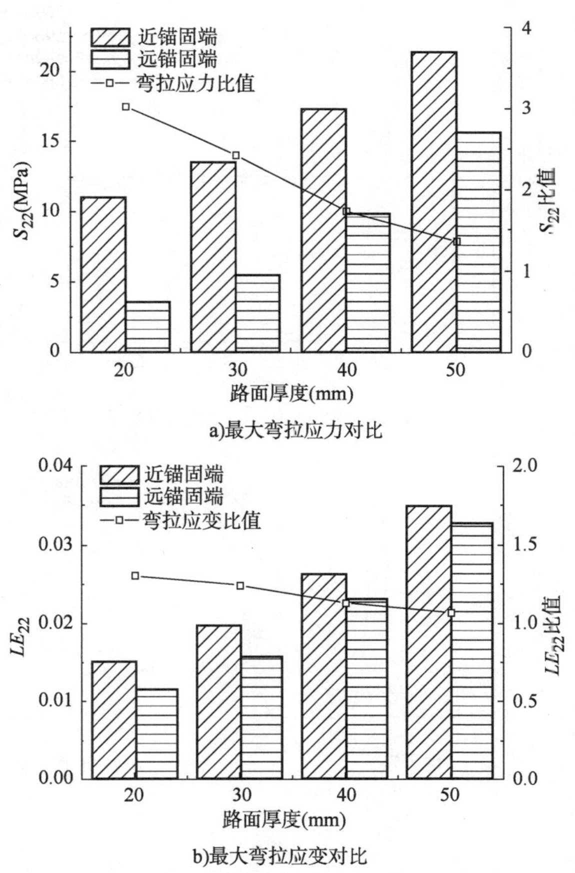

a)最大弯拉应力对比

b)最大弯拉应变对比

图5-16 不同厚度的预制沥青路面最大弯拉应力和弯拉应变对比

5.4.2 卷筒转速的影响效果

本小节重点探讨卷筒的转速对可卷曲预制沥青路面的受力状况的影响，计算模型如本书 5.3 节所述，卷筒的直径为 1.5m，预制沥青路面的厚度为 40mm，暂不考虑温度对混合料性能的影响，沥青黏弹性参数采用表 5-2 中第二行的数据，设置卷筒的转速分别为 0.1rad/s、0.5rad/s 和 1rad/s 进行计算，不同转速下预制路面所受弯拉应力的计算结果如图 5-17 所示。

从图 5-17 可以看出：

(1)由于锚固端存在应力集中现象，近锚固端计算点切线方向上的所受应力值比远锚固端计算点大一倍以上。

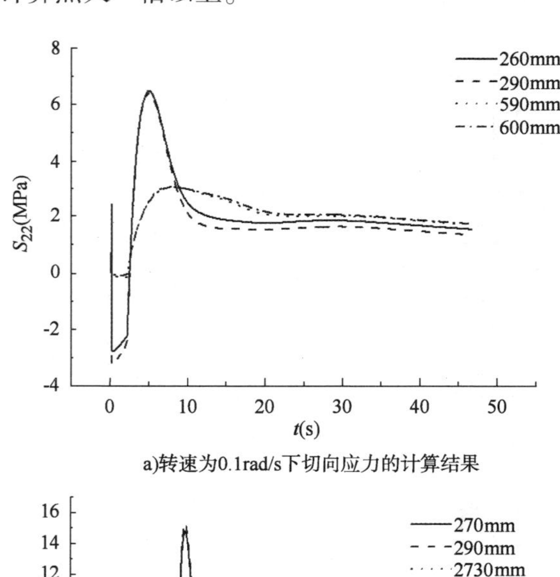

a)转速为0.1rad/s下切向应力的计算结果

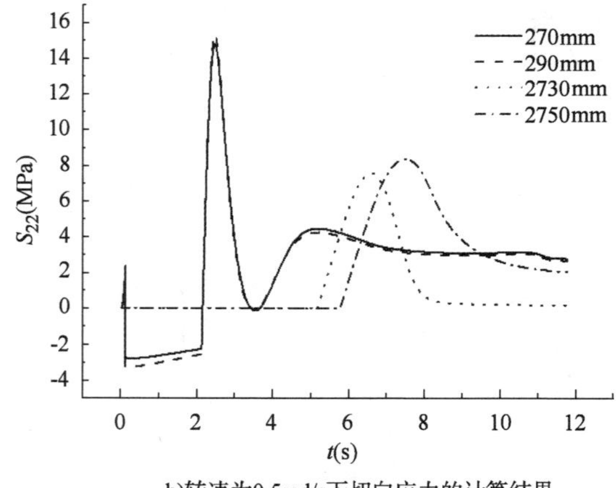

b)转速为0.5rad/s下切向应力的计算结果

图 5-17

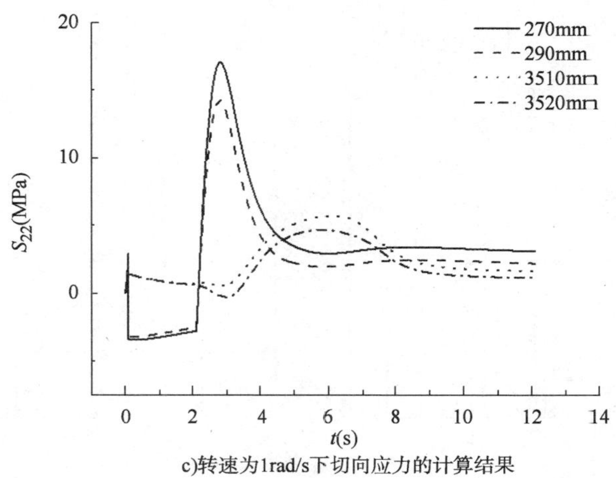

c)转速为1rad/s下切向应力的计算结果

图 5-17　不同转速下计算点切向应力随时间的变化趋势

(2)各点所受切向应力随着卷筒转速的降低而降低,位于锚固端较远的计算点具有同样的趋势。

综上,若要保证预制沥青路面在卷曲过程中不发生断裂,需要同时满足卷曲的路面所受弯拉应力和弯拉应变均小于材料所能承受的最大弯拉应力和弯拉应变,结合本书中小梁弯曲试验结果可知,过快的卷筒转速会导致预制路面所受的弯拉应力远远大于材料的极限弯拉应力。

图 5-18 为不同转速下近锚固端和远锚固端最大弯拉应力值的对比,并回归了预制沥青路面弯拉应力最大值与卷筒转速间的对应关系,回归公式如下:

近锚固端: $$S_{22} = -15.96\omega^2 + 31.87\omega + 2.36 \quad (R^2 = 1) \tag{5-16}$$

远锚固端: $$S_{22} = -1.48\omega^2 + 7.50\omega + 2.31 \quad (R^2 = 1) \tag{5-17}$$

式中:S_{22}——预制沥青路面卷曲时所受弯拉应力(MPa);

ω——卷筒转速(rad/s)。

在预制沥青路面卷曲过程中,降低远锚固端路面弯拉应力可通过降低卷筒转速来实现,根据可卷曲沥青混合料的极限弯拉应力,通过式(5-17)可计算得出相应的卷筒转速范围为0.03~0.06rad/s,换算成线速度为1.35~3.15m/min,即在后续的卷曲施工过程中,卷筒的前进速度应控制在3m/min之内。

若施工任务紧急,需要加快卷曲速度,可通过降低卷曲温度、添加纤维、减少改性剂的掺量和改变级配等手段来完成。对于受应力集中影响较大的近锚固端可采用改变锚固方式(详见本书5.4.4节计算结果)或一些工程手段来解决。

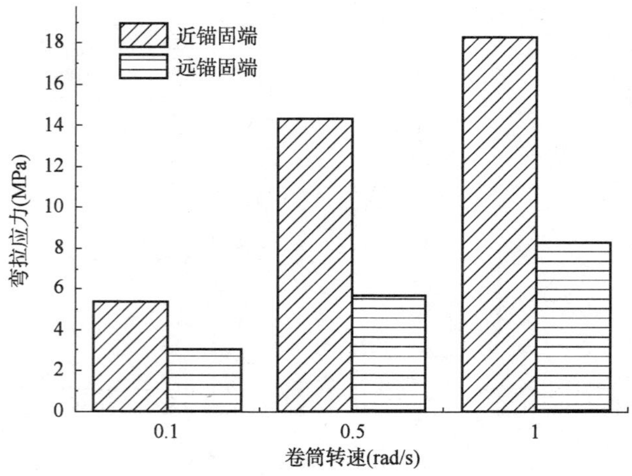

图 5-18　不同转速下弯拉应力最大值对比图

图 5-19 给出了不同转速下计算点切向应变随时间的变化趋势,从中可以看出,预制沥青路面在卷曲过程中的弯拉应变最大值随着卷筒转速的提高而略有增大,但增幅较小,并且所受弯拉应变小于根据纯弹性材料模型计算得到的弯拉应变值。根据第 4 章 10℃小梁弯曲试验结果可知,RMA 改性沥青混合料破坏时的跨中挠度均大于 4.5mm,对应的弯拉应变为 0.024,由此得出若使用 RMA 改性沥青混合料时,预制沥青路面在卷曲过程中所受的弯拉应变小于材料的极限弯拉应变。

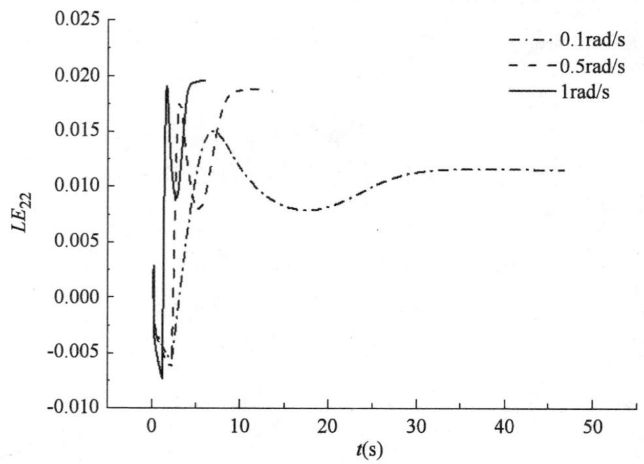

图 5-19　不同转速下计算点切向应变随时间的变化趋势

综上,由于在沥青混合料的材料和配合比设计上已对 RMA 改性沥青混合料的弯拉应变提出了较高的要求,且预制沥青路面弯拉应变随卷筒转速变化的涨幅较小,完全满足预制沥青路面卷曲的要求,因而在施工过程中,仅需根据沥青混合料的抗弯拉强度来控制卷筒的转速。

5.4.3 路面表面接触状况的影响效果

在卷曲过程中,预制沥青路面上表面与卷筒或上一层预制沥青路面下表面相接触,由于该接触面层间相对位移较小,甚至可以忽略不计,因而不是本节的研究重点,暂不考虑。预制沥青路面下表面与试槽底部接触,在卷曲时两个接触面存在相对滑动而产生摩擦力,在一定卷筒转速条件下若摩擦力增大将导致卷筒的牵引力增大,使得预制沥青路面所承受的弯拉应力增大。当摩擦力增大到某一值时,预制沥青路面会因为弯拉应力过大而发生断裂,故本小节重点探讨预制沥青路面下表面与底板间的摩擦系数对可卷曲预制沥青路面的受力状况的影响。

计算模型如 5.2 节所述,卷筒的直径为 1.5m,预制沥青路面的厚度为 40mm,暂不考虑温度对混合料性能的影响,沥青黏弹性参数采用表 5-2 中第二行的数据,为节约计算成本,设置卷筒的转速为 1rad/s。设置预制沥青路面下表面与底板间的摩擦系数分别为 0.1、0.2 和 0.3 进行计算,不同摩擦系数下预制沥青路面所受弯拉应力和应变的计算结果如图 5-20、图 5-21 所示。

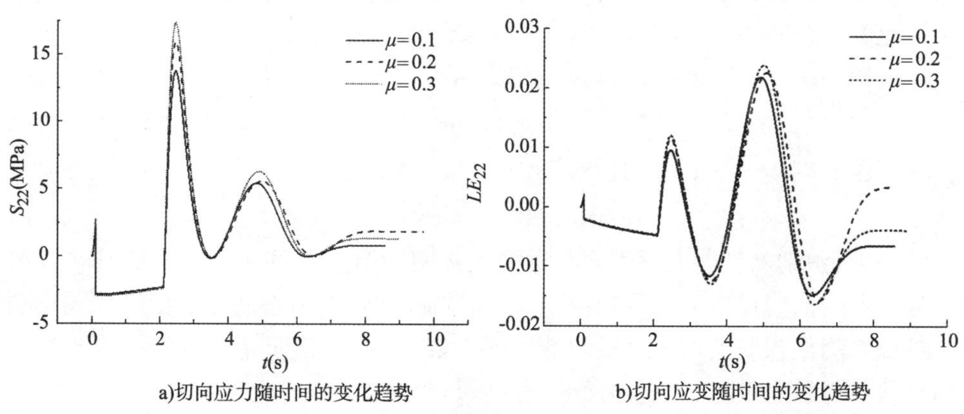

图 5-20 近锚固端计算点的切向应力和应变

由图 5-20、图 5-21 可知:

(1)近锚固端计算点的弯拉应力和弯拉应变均大于远锚固端的计算点。

(2)无论是近锚固端还是远锚固端,计算点的弯拉应力和弯拉应变均随着摩擦系数的增加而增加,但增幅略有不同。当摩擦系数从 0.1 增大到 0.3,近锚固端计算点的弯拉应力从 13.77MPa 增加到了 17.37MPa,增幅分别为 15.98% 和 26.14%,弯拉应变从 0.02193 上升为 0.02398,增幅分别为 3.51% 和 9.35%;

远锚固端计算点的弯拉应力从 10.99MPa 增加到了 12.48MPa,增幅分别为 8.73%和 13.56%,弯拉应变从 0.02103 上升为 0.02251,增幅分别为 3.99%和 7.04%。

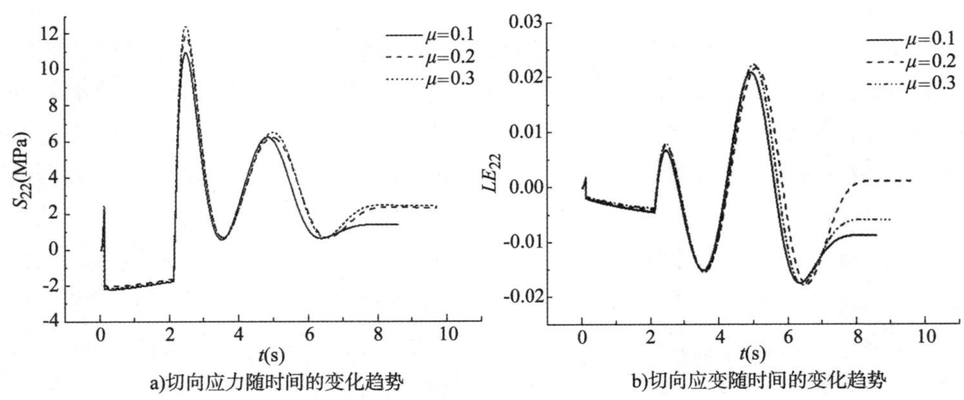

图 5-21　远锚固端计算点的切向应力和应变

从上述数据对比可以发现,摩擦系数变化对弯拉应力的影响比对弯拉应变的影响更大,对近锚固端计算点的影响较对远锚固端计算点的影响更为显著。计算点的弯拉应力和弯拉应变随摩擦系数的回归公式如下:

近锚固端:

$$S_{22} = -40\mu^2 + 34\mu + 10.77 \quad (R^2 = 1) \tag{5-18}$$

$$LE_{22} = 0.0255\mu^2 + 0.00005\mu + 0.0217 \quad (R^2 = 1) \tag{5-19}$$

远锚固端:

$$S_{22} = -21.5\mu^2 + 16.05\mu + 9.6 \quad (R^2 = 1) \tag{5-20}$$

$$LE_{22} = -0.01\mu^2 + 0.0114\mu + 0.02 \quad (R^2 = 1) \tag{5-21}$$

综上,预制沥青路面下表面与试槽底板间的摩擦系数大小会影响其在卷曲过程中所受的弯拉应力和弯拉应变,故在预制过程中,应在底板表面涂抹隔离剂等措施来降低预制路面与底板间的摩擦系数,避免因路面卷曲时弯拉应力过大而导致材料发生破坏,出现路面开裂或断裂等情况。

5.4.4 端部锚固方式的影响效果

预制沥青路面通过将其端部与卷筒锚固来实现跟随卷筒转动而卷曲,无论是采用螺栓锚固还是压板锚固,锚固端在卷曲时均会出现应力集中现象。若应力过大,会导致卷筒刚一转动,锚固端便发生断裂,因而预制路面端部锚固方式的选择是影响路面是否可以顺利卷曲的一个重要环节。

本小节重点探讨预制沥青路面端部两种锚固方式对可卷曲预制沥青路面的

受力状况的影响,采用螺栓锚固的计算模型如5.2节所述,采月压板锚固的计算模型如图5-22所示,卷筒的直径为1.5m,预制沥青路面的厚度为40mm,暂不考虑温度对混合料性能的影响,沥青黏弹性参数采用表5-2中第二行的数据,为节约计算成本,设置卷筒的转速为3rad/s。不同锚固方式下(螺栓锚固还是压板锚固)预制沥青路面所受弯拉应力和应变的计算结果如图5-23、图5-24所示。

图5-22 压板锚固计算模型

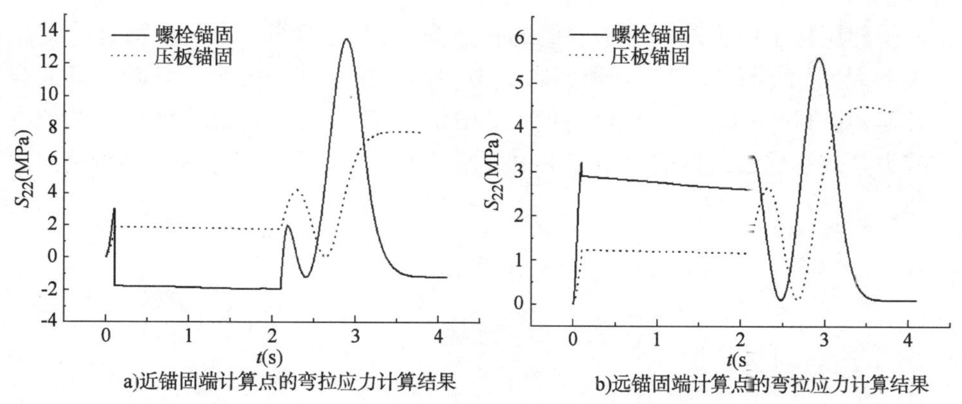

图5-23 不同锚固方式的预制沥青路面卷曲时所受弯拉应力状况

图5-23给出了两种不同锚固方式下预制沥青路面卷曲时所受弯拉应力随时间的变化趋势,不同锚固方式对预制路面的力学响应的影响较大。

对于压板锚固方式模型来讲,锚固端依然存在应力集中现象,近锚固端计算点切线方向上所受应力值依然高于远锚固端计算点的应力值。压板锚固方式模型的近、远端锚固端计算点弯拉应力为7.79MPa和4.48MPa,前者为后者的1.74

倍;螺栓锚固模型的近、远端锚固端计算点弯拉应力为13.50MPa和5.56MPa,前者为后者的2.43倍。压板锚固方式模型的近端锚固端计算点弯拉应力仅为螺栓锚固模型的57.7%,说明采用压板锚固方式可以更好地解决应力集中问题。

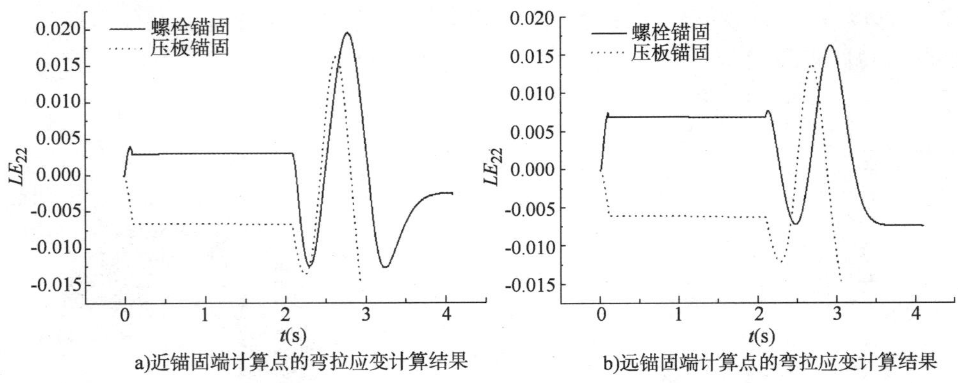

图5-24　不同锚固方式的预制沥青路面卷曲时所受弯拉应变状况

图5-24为两种不同锚固方式下预制沥青路面卷曲时所受弯拉应变变化趋势图。两种计算模型得到的弯拉应变比较接近,压板锚固方式模型与螺栓锚固模型的近锚固端、远锚固端计算点弯拉应变相比,分别降低了16.33%与12.94%。

虽然压板锚固方式模型中卷筒的转速为3rad/s,即便得出的应力计算结果明显偏大,但依然可以满足普通沥青混合料抗弯拉强度的要求。将其换算成合理转速,其弯拉应力为2.75MPa和2.16MPa,小于RMA改性沥青混合料的抗弯拉应力。故在后续进行的卷曲施工中采用压板锚固的方式连接预制沥青路面和卷筒。

第6章　可卷曲预制沥青路面关键施工工艺研究

可卷曲预制沥青路面由于其材料及施工工艺的特殊性，有别于传统沥青路面铺装施工。可卷曲预制沥青路面施工中的未知因素很多，导致其在施工过程中容易出现问题，影响地毯式铺筑沥青混合料的使用性能，进而影响了整个路面的使用寿命。因此本章主要针对预制沥青混合料的拌和与碾压工艺、卷曲设备及卷曲工艺、层间结合和预制沥青路面铺放等进行研究及介绍。

6.1　可卷曲沥青混合料的拌和工艺设计

成品专用改性沥青质量便于控制，然而也存在以下不足：

(1)直接使用成品沥青拌和时，拌和站需专门为改性沥青腾罐，在需求量较少的情况下腾罐是不现实的。

(2)成品专用改性沥青需经历加工和拌和两次高温加热，无论是加工还是拌和，所需温度均要达到175℃以上，此温度下沥青老化损伤比较严重。

(3)根据不同的施工温度、不同的预制路面厚度、不同的混合料类型，所需专用改性沥青的性能指标不同。

基于上述原因，开发专用改性沥青的直投式干拌粒子(GTA)。将苯乙烯—丁二烯—苯乙烯共聚物弹性体和乙烯—辛烯共聚物弹性体的混合物、树脂、蜡和软化剂等按照最优比例混合后，高温下采用双螺杆挤出机挤出造粒得到直投式干拌粒子(GTA)，如图6-1、图6-2所示，详细内容可见专利《一种可卷曲沥青混合料、其制备方法和用途》(申请号:201310573738.2)。

采用直投方式可更加灵活地控制改性沥青的性能指标，避免造成浪费。生产出来的干拌粒子投入混合料拌缸中后，通过搅拌可以在集料表面形成微米级的薄膜，并与随后加入的沥青迅速相融，并扩散到沥青中，继而形成三维网络结构。

对“干拌”改性剂的性能通常采用间接评价，即通过与基质沥青混合后得到的改性沥青进行评价。其改性沥青的制备方法如下：将一定比例的干拌粒子逐渐加入160 ~ 165℃的基质沥青中，持续加热的同时采用高速剪切机对沥青进行剪切，当温度达到 175℃时停止加热，并将整个过程的温度控制在170～180℃之间，保持在剪切速率为 5000r/min 下剪切 15min。剪切结束后，将制好的改性沥青置于 170℃的烘箱内发育 10min。

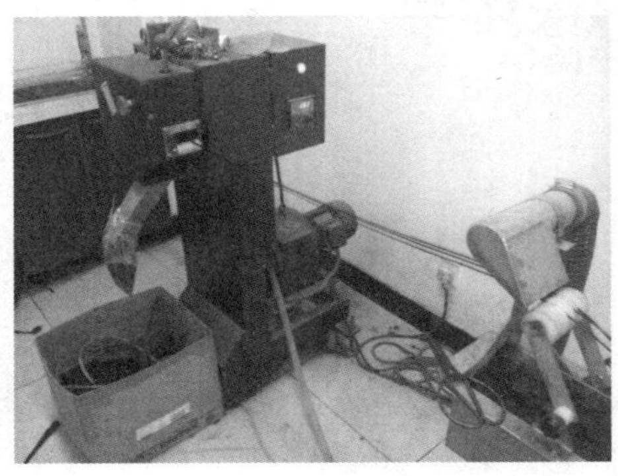

图 6-1　干拌粒子生产

以干拌粒子（GTA）掺量 8% 为例，将改性沥青制成样片放在显微镜下观察，如图 6-3 所示，可以看出添加剂已均匀扩散在沥青中，并形成三维网络结构。

图 6-2　直投式干拌粒子（GTA）

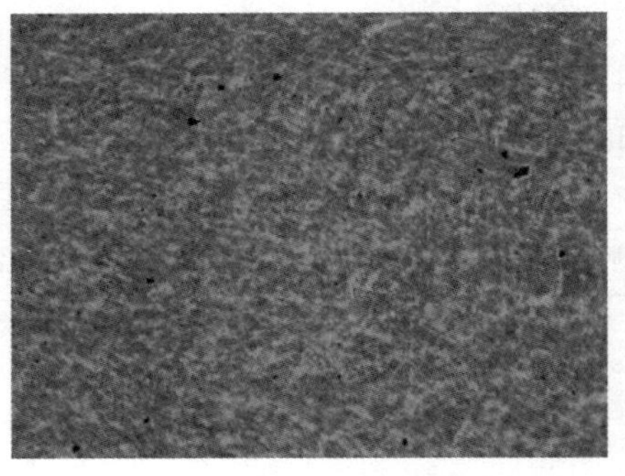

图 6-3　改性沥青显微镜照片

分别测试干法改性剂掺量为 8%、12%、15% 的改性沥青常规性能，并与本书第 3 章所述湿法改性沥青 RMA1、RMA2 和 RMA3 进行比较，测试结果见表 6-1。

不同干法改性剂掺量改性沥青性能比较　　表 6-1

试验项目	70 号基质	+8% GTA	+12% GTA	+15% GTA	RMA1	RMA2	RMA3
25℃针入度(0.1mm)	72	64	61	56	68	66	63
软化点(℃)	57	82.8	91.5	103.7	84.3	95.9	107.6
5℃延度(cm)	4.8	49.9	65.3	84.9 脱模	57.2	71.6	67 脱模
175℃黏度(MPa·s)	106.3	811.2	1109.3	1861.6	797.4	1037.2	1546.8

由测试结果可知，随着干法改性剂掺量的增加，改性沥青的针入度逐渐降低，软化点、5℃延度和175℃的黏度显著提高。与湿法相对比，干法改性沥青的三大指标偏小，175℃的黏度偏大，但改性的水平基本持平。

将第3章测试结果拟合得到的回归黏温半对数线性方程，按照(0.17 ± 0.02)Pa·s黏度范围确定的拌和温度范围为230~235℃。由于自制改性沥青具有明显的非牛顿性质，利用上述方法确定改性沥青的拌和和压实温度明显偏高。应参照用于排水路面的高黏沥青结合料的软化点、黏度等技术指标，最终确定拌和温度的合理范围为175~185℃，相应的沥青加热温度和矿料温度分别为170~180℃和190~200℃。

将"干拌"改性剂与加热后的石料投入拌缸进行搅拌，以考察它的均匀分散性，如图6-4所示。对比不同拌和时间下的拌和效果，从图中可以看出，搅拌15s后尚有部分改性剂混杂于矿料之间，并未完全在石料表面扩展成膜，而搅拌30s后改性剂已融化并均匀附着于石料表面。

a)拌和15s后的分散情况

b)拌和30s后的分散情况

图6-4　干法改性剂GTA在矿料中的分散情况

综上，确定可卷曲沥青混合料拌和工艺为：沥青加热温度170~180℃，矿料温度190~200℃；干拌时间30s，湿拌时间45s，拌和周期为100s，其中制备地毯式铺筑沥青路面专用改性沥青的改性剂GTA投放采用人工称量、人工投放，如图6-5所示。

生产时，采取一锅一投的方式，在热集料释放入拌和锅瞬间投入投放口。沥青混合料拌和出料应保证均匀一致，无花白料，拌和过程中专人严密控制改性剂的添加计量，如专用沥青改性剂添加过量时，废弃此锅混合料。出料温度低于下限值170℃的沥青混合料必须废弃处理。

图 6-5　可卷曲预制沥青路面专用沥青改性剂人工投放

6.2　预制沥青路面摊铺与碾压工艺研究

6.2.1　摊铺工艺

预制沥青路面需将沥青混合料摊铺至试槽内,摊铺前需先拼装、固定好试槽。使用钢板作为试槽的底部,将钢板按长边方向以点焊的方式连接,以防止在摊铺或碾压过程中某一块或几块钢板发生移动。根据摊铺机的轮迹带宽度或所需预制沥青路面的宽度,将槽钢背部朝上固定在地面上作为试槽的侧壁,限制混合料在碾压过程中发生侧向移动。

为方便预制沥青路面与试槽分离,减少卷曲过程中预制沥青路面与试槽之间的滑动摩擦,在摊铺混合料之前还需使用喷洒器将隔离剂均匀喷涂在试模的底板及侧模上。隔离剂采用甘油和滑石粉的混合物,其质量比为 2:1。

预制沥青路面的摊铺与常规沥青路面的摊铺要求除温度控制外基本相同,可卷曲沥青混合料摊铺后温度宜控制在 170℃以上。

6.2.2　碾压工艺

压实是预制沥青路面施工中的一个重要环节,压实的效果不仅直接影响到预制路面的路用性能,还会对其弯曲性能产生影响。压实温度的不同会导致在碾压过程中混合料较大的体积参数变化,如空隙率、矿料间隙率等。若温度不合理的话,容易造成压实度不足、沥青混合料的老化或集料压碎等不良现象。

按照目前我国《公路沥青路面施工技术规范》(JTG F40—2004)中推荐在黏温曲线所计算得到的压实温度区间为211～222℃,显然此温度区间偏高,易引起沥青老化,进而影响到混合料的耐久性。国内有研究者依据改性沥青混合料取得最佳压实效果时黏度与温度和剪切速度的关系,推荐出测试改性沥青结合料黏度的剪变率为60s^{-1},并在该剪变率下,再按照《公路沥青路面施工技术规范》推荐的方法确定改性沥青混合料的压实温度。

分别将表6-1中三种干法改性的专用沥青进行135℃、155℃和175℃温度下的布氏黏度测试,并建立黏度(对数)—温度坐标系及线性回归各种沥青的黏温关系方程,按规范中给出的(0.28±0.03)Pa·s确定压实温度,如表6-2所示。

三种沥青布氏黏度测试及压实温度计算结果　　表6-2

改性沥青类型	布氏黏度(mPa·s)			压实温度范围(℃)
	135℃	155℃	175℃	
基质沥青+8% GTA	2766	5990	6231	179～184
基质沥青+12% GTA	1140	2615	2819	196～201
基质沥青+15% GTA	506	1160	1309	203～208

对比表3-15与表6-2可见,由剪变率为60s^{-1}测试及计算得到的压实温度较规范推荐方法更接近于工程经验,但仍然偏高。故本书采用与排水沥青路面专用高黏改性沥青相同的压实温度进行施工,压实温度范围为160～165℃。

目前室内试验中成型沥青混合料的方法主要有马歇尔击实成型、轮碾成型及旋转压实成型三种方法。评价压实功对沥青混合料梁弯曲性能影响,应计算轮碾成型过程中每碾压一次对混合料所做的压实功,并建立碾压次数与沥青混合料梁弯曲性能的关系。然而计算该成型方法所产生的压实功存在诸多困难,无法直接计算。

马歇尔击实法可通过统计每次击实过程落锤所损耗的势能计算所产生的压实功,因此采用该方法可以获得可卷曲沥青混合料达到目标空隙率所需的击实次数和击实功。采用水中重法测定油石比为7%的RAC-10C型可卷曲沥青混合料双面分别击实15次、30次、45次、60次、75次后的毛体积密度,并计算混合料在不同击实次数下的密实度,研究混合料密实度随击实次数的变化规律,试验结果如表6-3所示,所回归的击实次数与密实度变化曲线见式(6-1)。

不同击实次数下RAC-10C型混合料的密实度变化　　表6-3

双面击实次数(次)	15	30	45	60	75
密实度(%)	92.5	95.3	97.3	98.4	98.9

$$y = 4.073\ln x + 81.54 \quad (R^2 = 0.994) \tag{6-1}$$

式中：y——密实度（%）；

x——双面击实次数。

RAC-10C 沥青混合料的设计空隙率为 3%，故当混合料密实度达 97% 时对应的击实次数即为所需的击实次数，由式（6-1）计算可知，RAC-10C 沥青混合料目标空隙率所需的击实次数为 45 次。

马歇尔击实仪的规格为击实锤重为 4.536kg，从 457.2mm 的高度自由落下完成击实，单次击实提供的能力如下：

$$E_0 = mgh \tag{6-2}$$

式中：E_0——一次击实提供的能量（J）；

m——击实锤质量（kg）；

h——击实锤高度（mm）。

由上式计算可知，击实锤一次击实所能提供的能力为 20.3J，故当混合料密实度达 97% 时对应的击实功为 913.5J。

根据工程振动理论，压路机单周期振动器施加的能量应符合下列公式：

$$E_0' = 2A\left(Wg + \frac{\pi F_0}{4}\right) \tag{6-3}$$

式中：E_0'——一个振动周期内振动压路机产生的能力（J）；

A——名义振幅（m）；

W——激振力（N）；

F_0——参振质量（kg）。

压路机在碾压过程中，不是所有的能量都会被沥青混合料吸收，研究表明，约 70% 的机械能用于混合料的压实，另外的 30% 则转化成热能等耗散。本次工厂预制可卷曲沥青路面所使用的压路机为福瑞德 FYL-850 型振动压路机，名义振幅 A 为 0.6mm，参振质量 F_0 为 780kg，激振力 W 为 20kN。根据式（6-3）可计算出碾压一遍所提供的有效压实功为 165.2J，因此 RAC-10C 沥青混合料密实度达 97% 时对应的压路机碾压遍数为 6 次。

为进一步验证压路机的碾压效果，测试了 RAC-10C 型沥青混合料分别碾压次数为 4 次、6 次、8 次条件下成型的沥青混合料的小梁弯曲性能实验，对不同碾压次数下混合料的弯曲变形性能进行比较，进而得到实际碾压效果最好的施工方案，测试结果见图 6-6。从中可以看出，当碾压次数为 6 次时，混合料的弯曲性能最好。

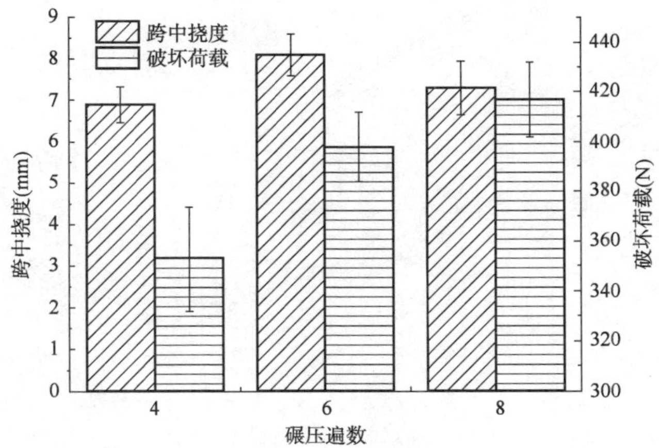

图 6-6　不同碾压次数下沥青混合料的弯曲性能

综上,应采用小型压路机进行碾压,压实温度控制在 160 ~ 165℃,不得产生推移、发裂。压路机从边模的一侧开始碾压,轮迹始终与边模长边平行,来回碾压 6 遍。若压路机在试槽中不好操作的话,可先将边模拆卸。为防止黏轮,可向压路机碾压轮喷少量食用油,以不黏轮为原则进行操作。

6.3　预制沥青路面卷曲设备的研发与工艺设计

6.3.1　卷曲设备的研发

预制水泥混凝土板预制设备相对比较成熟,但由于其为板体性材料,施工时将缆绳拴住板的四个角便可通过吊车进行搬运和施工。但预制沥青路面较薄,且常温下预制沥青混合料板体性较差,吊装过程中沥青混凝土板四角因应力集中易产生松散掉粒,故不能使用吊车搬运。为便于预制沥青混凝土面层的存放和运输,借鉴荷兰 Rollpave 专用施工设备,研制了可卷曲预制沥青路面中试级专用卷曲设备,如图 6-7 所示,主要包括卷筒装置、铲起装置和轨道。

1)卷筒装置

卷筒装置由卷筒、卷筒支架、卷筒驱动装置及压板组成。

卷筒的直径和宽度可由所需成型的预制沥青路面的宽度和沥青混合料的材料特性确定,若预制路面的宽度较宽时,也可将多组卷筒沿轴向方向拼接。卷筒通过卷筒轴安装在卷筒两侧支架上的,支架下设置有两对导向轮,便于卷筒装置前后移动。

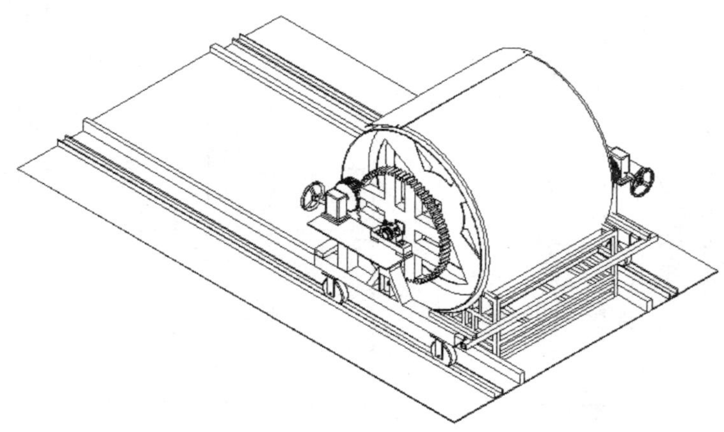

图 6-7　中试级专用卷曲设备机械图

卷筒驱动装置由大、小齿轮、齿轮转向器和摇轮组合而成。其中大齿轮安装在卷筒上，且与小齿轮相互啮合，齿轮转向器分别连接着小齿轮和摇轮。连接卷筒轴和齿轮转向器的支撑板固定在卷筒支架上。齿轮转向器可以改变齿轮转动的方向，平行于卷筒轴向的摇轮通过齿轮转向器驱动垂直于卷筒轴向的小齿轮变向转动，从而使小齿轮驱动所述大齿轮转动，进而带动所述卷筒转动。

支撑板可以通过固定架与所述卷筒支架连接，也可以通过千斤顶与所述卷筒支架连接。当通过千斤顶与所述卷筒支架连接时，可以通过千斤顶调节支撑板的高度，从而调节卷筒的高度，以适应卷曲不同预制沥青混凝土面层长度的需要。

压板的作用是固定预制沥青路面端部。防止在卷筒卷动过程中，锚固在卷筒上的混合料因牵引力过大而发生拉裂破坏。

卷筒是可拆卸的，当完成一部分预制沥青混凝土面层卷曲作业后，可以将卷筒连同预制沥青混凝土面层拆卸下来，用打包机封装，然后安装新的卷筒，继续进行卷曲作业。

2）铲起装置

铲起装置用于将预制沥青混凝土面层铲起至可与卷筒装置接触的高度，以便卷筒装置将预制沥青混凝土面层卷起，防止未缠绕在卷筒上的预制路面因弯曲度过大而发生断裂。主要包括与卷筒支架连接的铲片支架，固定在铲片支架上的多根平行设置的托辊，以及固定在铲片支架上且分别位于两根相邻托辊之间的多个铲片，如图 6-8 所示。

铲片支架由用于支撑并固定所述铲片和平行托辊的梯形支架和用于连接卷筒支架的连接架组成。其中连接架包括固定在梯形支架后端的后支架和固定连接卷筒支架和后支架的两个侧支架。两个侧支架上分别设有多个调节连接孔，以便通过使用不同的连接孔连接卷筒支架来调节连接位置，从而调节所述卷筒和铲片之间的距离。

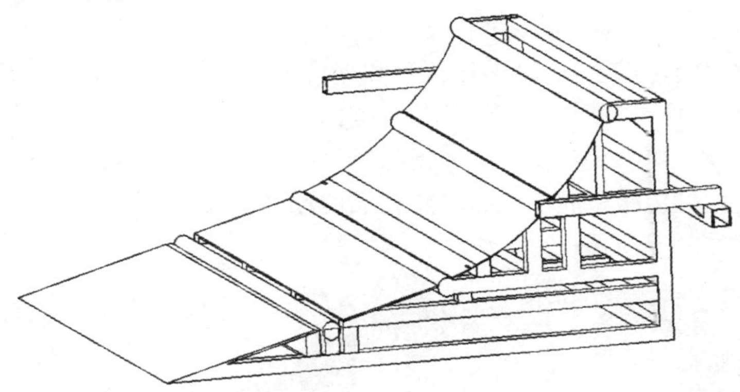

图6-8 铲起装置示意图

多根平行设置的托辊可以滚动，从而降预制沥青路面与铲片之间的摩擦，预制沥青路面端部所受的切向拉力。多个铲片中位于梯形支架底部的铲片与水平面的夹角为10°~20°。

铲起装置同样也是可拆卸的，当完成全部预制沥青混凝土面层卷曲作业后，可以将铲起装置拆卸下来。在进行预制沥青路面铺放作业时，可不使用该装置。

3）轨道

在卷曲的初始阶段，即便支架前进方向与预制沥青路面纵向存在较小的误差，随着卷曲圈数的增加，误差便会不断累积，缠绕在卷筒上的预制沥青混凝土会严重的偏向一侧，会对后续的存放、铺放施工均产生很大的影响。因而轨道可以确保支撑卷筒设备的支架严格沿着平行于预制沥青路面纵向方向前进。

6.3.2 卷曲作业流程

预制沥青路面卷曲作业流程如下：

（1）将轨道固定于待卷曲的预制沥青混凝土面层的两侧，将卷筒装置和铲起装置固定连接好，架于轨道上方。

（2）从预制沥青混凝土面层一端沿着轨道向另一端方向推动卷筒装置和铲起装置，铲起装置将预制沥青混凝土面层的一端铲起至可与卷筒接触的高度。

（3）用压板将预制沥青混凝土面层的一端固定在卷筒上，并用卷筒驱动装置驱动卷筒转动，将预制沥青混凝土面层卷起，如图6-9所示。

（4）继续沿轨道向着预制沥青混凝土面层末端方向推动卷筒装置和铲起装

置,并同时继续利用卷筒驱动装置驱动卷筒转动,使预制沥青混凝土面层持续地被铲起并卷曲到卷筒上。

(5)为减少预制沥青路面端部所受卷筒切向方向的拉应力,当卷筒转动25°~35°时,使用打包器和钢带将预制沥青路面进一步固定在卷筒上。

(6)在卷曲过程中,通过千斤顶调节支撑板的高度,从而调节卷筒的高度,以适应卷曲不同预制沥青混凝土面层长度的需要。

(7)重复步骤(4),直至将全部预制沥青路面卷起。

(8)使用打包器和钢带对已卷曲完成的预制沥青路面进行捆扎,便于存储和运输,如图6-10所示。

图6-9　预制沥青路面的卷曲

图6-10　预制沥青路面的搬运

6.4　预制沥青路面铺放工艺流程的确定

可卷曲预制沥青路面可用于新建、改建的道路铺装和桥面铺装,可全幅路段施工,也可对较大面积的坑槽进行修补,其铺放作业流程大体如下:

(1)清理下卧层,必须完全清除浮尘、泥土、碎屑及可见水分。

(2)架设卷筒装置,将轨道架设于待铺装预制沥青路面的两侧,使用叉车将缠有预制沥青路面的卷筒及两侧齿轮装置运至铺设现场,并将卷筒装置组装好后置于轨道的一端。

(3)喷洒黏层油,按照最佳洒铺量,将黏层材料均匀地喷涂在下卧层表面以及所需拼接面层的侧壁。待改性乳化沥青破乳或水性环氧树脂形成初期强度后,着手进行下一道工序。

(4)预制路面铺放,打开捆在卷筒上的钢带,调整角度,使预制沥青路面的一端与所需拼接面层对齐后,转动摇轮驱动卷筒装置缓缓放下卷在卷筒上的预制沥青路面,图 6-11 所示。

(5)碾压,为保障预制路面与下卧层有良好的接触,使用小型压路机在铺设后的路面上碾压 2 遍。

(6)灌嵌缝料,将嵌缝材料灌入预制沥青路面与所需拼接面层的接缝处。

完成上述六步,即可开放交通。

图 6-11　可卷曲预制沥青路面铺放

第 7 章　可卷曲预制沥青路面工程应用实例

7.1　项目概况

马大路(X020)位于北京市通州区南部,东西走向,西接六环马驹桥,经团瓢庄、陈各庄、大姚新庄村,东连大杜社。现状为二级公路,路基宽 14m,路面宽 12m,两侧各有 1m 的土路肩,道路全长 6.5km。紧挨南六环,位于京津高速公路与京沪高速公路的中间,靠近物流中心,过往多为大型货车,路面出现车辙、裂缝,坑槽等不同程度的病害。

7.1.1　项目试验段实施方案

根据前期的研究成果,项目组对可卷曲预制沥青路面技术进行工程验证的目的如下:

(1)考察可卷曲预制沥青路面低温下大面积施工的可行性和便易性。

(2)考察可卷曲预制沥青路面总的使用性能与效果。

(3)对不同黏层材料长期耐久性的考察和比较。

由于受卷曲设备尺寸限制,外加北京市政路桥管理养护公司对该技术持谨慎态度,所以本试验段实施方案为在原有路面行车道处切割铣刨出 15m × 1.5m 的坑槽,将可卷曲预制沥青路面填铺在坑槽内。

为考察可卷曲预制沥青路面低温下大面积施工的可行性,项目实施时间为 1 月,气温基本处于 -15 ~ 5℃范围内。选择弯曲性能较好的 RAC-10C 型混合料,使用专用添加剂 GTA,采用干拌工艺制备沥青混合料,油石比为 7%。此外,黏层油洒铺方案分为 SBS 热沥青和水性环氧树脂两种。

7.1.2　原材料技术指标

沥青混合料的拌和地点为北京市通州区西田阳沥青混凝土拌和站,粗集料、细集料、矿粉和 SBS 改性沥青均由拌和站提供。可卷曲预制沥青路面集料采用玄武岩粗集料和石灰岩细集料,其中粗集料的规格分为 5 ~ 10mm 和 10 ~ 15mm

两挡,细集料的规格分为 0～3mm 和 3～5mm 两挡备料。填料选用石灰岩或岩浆岩中的强基性岩石等憎水性石料经磨细得到的矿粉。原材料各项指标检测结果满足规范要求,具体的试验结果见表 7-1～表 7-4。

SBS 改性沥青技术指标测试　　表 7-1

指　　标	单　　位	测 试 值	技 术 要 求	试 验 方 法
针入度 25℃,100g,5s	0.1mm	53	40 ～ 60	T 0604
延度 5℃,5cm/min	cm	21.9	≥20	T 0605
软化点 $T_{R\&B}$	℃	64.1	≥60	T 0606
运动黏度 135℃	Pa·s	1.28	≤3	T 0625
TFOT 后残留物				
质量变化	%	-0.01	≤1	T 0610
针入度比 25℃	%	71	≥65	T 0604
延度 5℃	cm	17	≥15	T 0605

粗集料各项技术指标　　表 7-2

指　　标	单　　位	测 试 结 果	技 术 指 标	试 验 方 法
石料压碎值	%	23	≤28	T 0316
洛杉矶磨耗损失	%	25	≤30	T 0317
针片状颗粒含量	%	7.1	≤18	T 0312
水洗法 <0.075mm 颗粒含量	%	0.4	≤1	T 0310
与沥青黏附性	级	5	≥5	T 0616

细集料各项技术指标　　表 7-3

指　　标	单　　位	测 试 结 果	技 术 指 标	试 验 方 法
坚固性(>0.3mm 部分)	%	17	≥12	T 0340
含泥量(小于 0.075mm 的含量)	%	1.5	≤3	T 0333
砂当量	%	78	≥70	T 0334

矿粉各项技术指标　　表 7-4

指　　标		单　　位	测 试 结 果	技 术 指 标	试 验 方 法
表观相对密度		g/cm^3	2.786	≥2.50	T 0352
含水率		%	0.25	≤1	T 0103
粒度范围	<0.60mm	%	99.9	100	T 0351
	<0.15mm	%	94.1	90～100	
	<0.075mm	%	83.8	75～100	
塑性指数		—	2.6	<4	—

7.2 配合比设计

7.2.1 目标配合比设计

目标配合比设计配料要求将各档粗细集料筛分成各标准粒径，矿粉也应根据筛分结果将各档组成计入合成级配，以进行精确配料。表7-5为拌和站现场取料集料筛分结果，其目标配合比合成级配符合本书4-30中推荐的级配要求。

冷料仓配比及合成级配　　表7-5

筛孔尺寸(mm)	各级筛孔(mm)累计通过百分率(%)									配比
	13.2	9.5	4.75	2.36	1.18	0.6	0.3	0.15	0.075	
5~10mm玄武岩	100	91.3	3.4	0.1	0.1	0.1	0.1	0.1	0.1	52
3~5mm石灰岩	100	100	92	3.8	0.6	0.2	0.2	0.2	0.2	23
0~3mm机制砂	100	100	100	83.6	57.1	32.0	19.9	11.0	5.4	14
矿粉	100	100	100	100	100	100	100	97	87	11
合成级配	100	95	48	24	19	16	14	12	10	100
期望值	100	93	47	30	20	17	15	12	10	
级配范围	100	90~100	40~60	26~35	20~28	16~23	13~18	10~15	8~12	

选用上表中的合成级配，分别进行五个油石比的车辙和小梁试验。在保证卷曲过程中不发生开裂和使用过程中不发生严重车辙的前提下，将沥青混合料跨中挠度曲线图中的拐点作为最小油石比，沥青混合料动稳定度曲线图中的拐点作为最大油石比，确定最佳油石比为7.2%（图7-1）。

采用最佳油石比，分别进行精确配料、试件成型和混合料的性能测试，试验结果见表7-6。

可卷曲沥青混合料目标配合比的性能检测　　表7-6

技术指标	检测数据	技术要求
空隙率(%)	2.58	1.5~3.5
动稳定度(次/mm)	3627	≥2400
低温破坏应变(με)	7189	≥3000
10℃弯曲破坏应变(με)	34073	≥25000

续上表

技术指标	检测数据	技术要求
马歇尔稳定度(kN)	9.6	≥6
浸水马歇尔稳定度(kN)	9.1	—
残留稳定度(%)	94.8	≥80

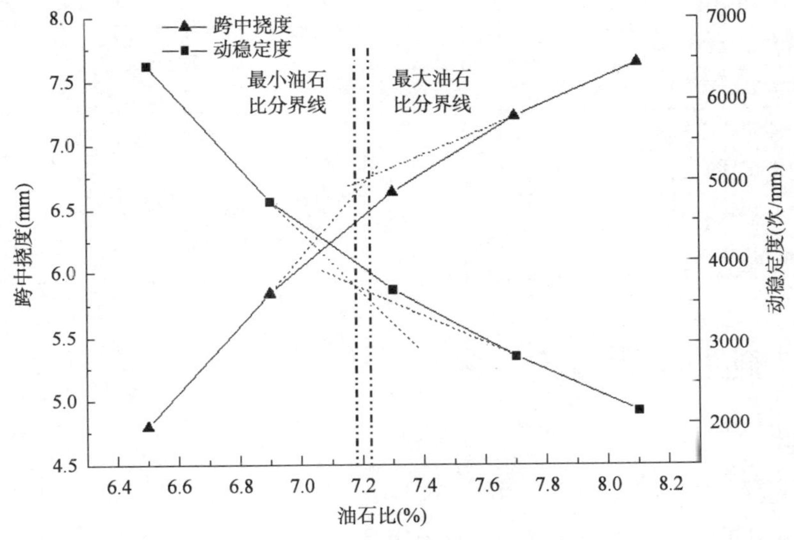

图7-1　目标配合比最佳油石比选定分析图

7.2.2　生产配合比设计

在每个热料仓取料筛分,根据筛分结果与目标配合比确定热料仓各种规格集料之间的比例,各热料与矿粉的筛分结果以及生产配比方案见表7-7。

热料仓配比及合成级配　　表7-7

筛孔尺寸(mm)	各级筛孔累计通过百分率(%)									配比
	13.2	9.5	4.75	2.36	1.18	0.6	0.3	0.15	0.075	
5~10mm玄武岩	100	90	12.6	1.3	0.8	0.8	0.8	0.8	0.8	60
3~5mm石灰岩	100	100	83.9	7.9	2.2	1.3	1.0	0.8	0.6	5
0~3mm机制砂	100	100	100	72.7	44.1	27.4	12.0	6.8	3.3	25
矿粉	100	100	100	100	100	100	100	94.8	82.8	10
合成级配	100	94	46.8	29.3	21.6	17.4	13.5	11.7	9.6	100
目标配合比	100	95	48	24	19	16	14	12	10	

生产配合比试拌参数检测结果如表 7-8 所示,根据性能检测结果显示,确定的生产配合比基本满足可卷曲沥青混合料的技术要求,据此选择初定油石比作为生产标准。

可卷曲沥青混合料生产配合比的室内性能检测　　表 7-8

技术指标	检测数据	技术要求
空隙率(%)	2.53	1.5~3.5
动稳定度(次/mm)	3860	≥2400
低温破坏应变(με)	7415	≥3000
10℃弯曲破坏应变(με)	33335	≥25000
马歇尔稳定度(kN)	9.7	≥6
浸水马歇尔稳定度(kN)	8.9	—
残留稳定度(%)	91.7	≥80

7.3 施工流程

7.3.1 拌和

采用小型间歇式沥青拌和机,每次可拌和 3t 混合料,沥青用量要求控制在最佳沥青用量的 ±0.2% 范围之内。专人负责将"干法"改性剂 GTA 投入投料口,拌和过程中严密控制改性剂的添加计量。改性剂与矿料干拌 30s,湿拌时间 45s,拌和周期为 100s。可卷曲沥青混合料生产温度控制如表 7-9 所示,出料温度低于下限值 170℃的沥青混合料必须作废弃处理。

可卷曲沥青混合料生产温度控制　　表 7-9

项目	基质沥青加热温度	矿料温度	混合料出料温度
温度控制(℃)	155~165	190~200	175~185

7.3.2 摊铺

可卷曲预制沥青路面摊铺前需将沥青混合料摊铺至试槽内,故需先拼装、固定试槽。在铺放混合料之前,将隔离剂均匀涂抹在试槽的底板及侧模上,以便预制沥青路面方便与试槽分离,如图 7-2 所示。隔离剂为甘油和滑石粉的混合物,甘油和滑石粉的质量比为 2:1。

预制施工现场在沥青拌和厂厂区内，运距较短，在运输过程中无需对混合料进行覆盖，同时运料较少，使用铲车运料即可。料斗中涂一层隔离剂（植物油和水的混合物），不得有余液聚在料斗底部。表面温度测量应采用标定过的便携式红外温度计，内部温度测量采用数显插入式热电偶温度计，到达试槽时混合料温度不宜低于180℃。

采用小型摊铺机摊铺，由于混合料较少，担心第一锅料倒入摊铺机后，因设备自身温度较低会降低混合料温度，在卸料前用燃气喷灯对料斗进行加热。按正常摊铺速度进行摊铺，速度控制在2.0m/min左右，摊铺后沥青混合料温度宜控制在170℃以上。松铺系数初步定为1.18。若所需预制沥青路面的长度和宽度较小时，采用人工摊铺，避免不必要的浪费，如图7-3、图7-4所示。

图7-2　试槽内涂抹隔离剂

图7-3　人工摊铺

图7-4　可卷曲预制沥青路面摊铺

7.3.3　压实

采用小型压路机进行碾压，压实温度控制在160～165℃，不得产生推移、发裂现象。压路机从边模的一侧开始碾压，轮迹始终与边模长边平行，来回碾压6～8遍。若压路机在试槽中不好操作的话，可先将边模拆卸。为防止黏轮，可向压路机碾压轮喷少量食用油，以不黏轮为原则，如图 7-5 所示。

图 7-5　可卷曲预制沥青路面碾压

7.3.4　卷曲

待混合料温度降到 30 ~ 40℃时，在可卷曲预制沥青路面两侧铺设轨道，架好专用卷曲设备，并将设备移至预制路面一端。在预制沥青路面端部钻孔并翘起，将铁皮与预制路面端部用螺丝固定，在铁皮另一端打孔，用粗铁丝与卷筒上的孔相连(图 7-6)，并捆绑、固定于卷筒的表面。确保在卷筒卷动过程中，预制沥青路面不会因为重力作用而下滑。

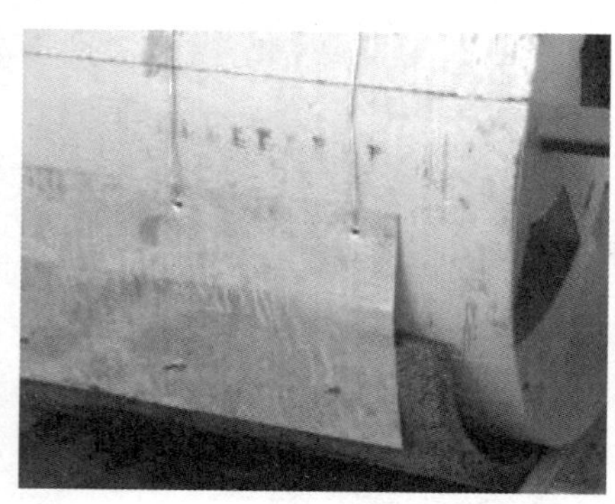

图 7-6　预制沥青路面卷曲过程中端部处理

卷筒两侧人员同步转动齿轮，使得卷筒缓缓带着预制路面的一端转动，同时卷筒后方的铲起设备同步向前将试槽内的混合料铲起一定角度，便于卷曲。两侧人员转动齿轮时，应控制速度，保证卷筒前进的速度为 1 ~ 3m/min。当卷筒转动 30°左右时，使用打包机将翘起的路面层端部牢牢地固定在卷筒上。

使用打包器和钢带对已卷曲完成的预制沥青路面进行捆扎，将其放置阴凉处，并用帆布覆盖，当需要使用预制沥青路面时，从库房直接运至施工现场即可。

7.3.5　铺放

为验证可卷曲预制沥青路面在低温下大面积施工的可行性，项目组选择北京接近全年最低气温的1月中旬进行施工铺放作业，施工时气温为 -1～3℃。选择急需修补的路段，如图7-7所示，对原路面网裂病害非常严重的路段进行铣刨，根据预制沥青的厚度确定铣刨深度。对铣刨后的路面进行清扫，去除表面浮沉，保证清扫后的路面干净、无土、无附着物，并确保下卧层表面平整。

图7-7　旧路铣刨与清扫

喷洒的黏层油种类选择热SBS改性沥青和水性环氧树脂，洒铺量为 $0.5\mathrm{kg/m^2}$。在预铺放处的两侧架设好轨道，使用叉车将缠有预制路面的卷筒及两侧齿轮装置运至铺设现场。设备组装好后，打开打包带，将预制路面滑落的一段对准要铺设的位置，与卷曲的过程相反，缓缓地将预制路面展开、铺放，铺放的速度宜为1～3m/min。为保障预制路面与下卧层有良好的黏结，使用燃气喷灯对预制沥青路面底部和作为黏层油的SBS热沥青进行加热，并在铺设后的预制沥青路面上驾驶车辆来回碾压两遍。其中本次试验路段嵌缝材料使用改性沥青胶浆，加热后沿着预制沥青路面与原路面之间的缝隙灌入，如图7-8～图7-11所示。

图7-8　两种黏层材料涂抹

图7-9　对可卷曲预制沥青路面底部加热

图 7-10　灌注嵌缝料

图 7-11　碾压

7.4　性能检测

根据《公路路基路面现场检测规程》(JTG E60—2008)中的相关规定,对试验路面进行性能检测,检测结果如表 7-10 所示。由于预制沥青路面用油量较高,会对路面的抗滑性能造成影响,但从表 7-10 中数据可知,可卷曲预制沥青路面抗滑性能满足规范要求,可以用于高等级公路及城市道路。

预制沥青路面性能检测　　表 7-10

项　　目	测 试 值	规 范 要 求
构造深度(mm)	1.2	≥0.5
摆值 BPN	75	>58
渗水系数(mL/min)	7.92	<150
压实度	98%	≥97
平整度	0.3mm	≤0.8mm

在铺筑后的一年内,进行了三次的现场观测,试验段路表没有出现拥包、推移等病害,仅有少量的车辙,接缝处未出现新的裂缝,灌封料性能良好,跟踪观测数据见表 7-11。

预制沥青路面使用性能跟踪检测　　表 7-11

日　　期	车辙(mm)			摆值 BPN		
	1	2	3	1	2	3
2014-4-19	0.8	1.1	0.9	77	79	74
2014-9-13	2.3	2.6	2.1	78	81	76
2014-11-6	3.0	3.4	3.2	80	82	77

从表 7-11 可知,车辙深度随着时间逐渐增加,但总体上数值普遍偏小;由于观测时间间隔较近,试验段的摆值虽然逐渐增大,但增幅较小。

参 考 文 献

[1] Radan Tomek, MSc. et MSc. Advantages of precast concrete in highway infrastructure construction. Procedia Engineering 196(2017).

[2] 孙立军. 现代预制块铺面[M]. 上海:同济大学出版社,2000.

[3] S Tayabji, N Buch, D Ye. Performance of Precast Concrete Pavements[C]. T&DI Congress,2011.

[4] Cliff Schexnayder, Gerald Ullman. Pavement Reconstruction Scenarios Using Precast Concrete Pavement Panels[J]. Practice Periodical on Structural Design and Construction. Nov. 2007.

[5] Precast Concrete Pavement Technology[R]. SHRP2,2013.

[6] Ingram L S, Herbold K D, Baker T E, et al. SUPERIOR MATERIALS, ADVANCED TEST METHODS, AND SPECIFICATIONS IN EUROPE[J]. Highway Maintenance,2004.

[7] Shiraz Tayabji, Dan Ye, Neerraj Buch. Precast Concrete Pavement Technology[R]. US:Transporttation Research Board,2013.

[8] AASHTO TIG. Generic Specification for Fabricating and Constructing Precast Concrete Pavement Systems[R]. US:AASHTO Technical Implementation Group on Precast Concrete Pavement Systems,2008.

[9] Wang D, Schacht A, Chen X, et al. Feasibility construction method of a"prefabricated and rollable study on road". the innovative BAUTECHNIK,2013,90.

[10] 郑益,彭鹏. 预制拼装在市政道路养护维修中的应用研究[J]. 公路交通科技,2013.

[11] Houben, L. J. M. ,J. van der Kooij, R. W. M. Naus and P. D. Bhairo. APT Testing of Modular Pavement Structure 'Rollpave' and Comparison with conventional asphalt motorway structures. Paper submitted for 2nd International Conference on Accelerated Pavement Testing, Minneapolis, USA, September 25-29,2004.

[12] Molenaar J. M. M. , Montfort J. Super Stille Deklaag Rubber Rollpave (in Dutch)[R]. Delft:Road and Hydraulic Engineering Institute, the Netherlands,

2011.

[13] Dommelen A. E. ,J. van der Kooij,Houben L. J. M. ,et al. LinTrack APT research supports accelerated implementation of innovative pavement concepts in the Netherlands [C]// Minneapolis,USA :www. mrr. dot. state. mn. us /research/MnROAD_Project/index_files/pdfs/VanDommelen. 2004.

[14] Ingram L S. ,Herbold K D. ,Baker T E. ,et al. Superior Materials,Advanced Test Methods and Specifications In Europe[R]. Washington DC:Federal Highway Administration U. S. Department of Transportation,2004.

[15] 张宝昌. 弹性体及其复合材料改性沥青的性能研究[D]. 长春:东北大学,2008.

[16] A. A. Yousefi,A. Ait-Kadi,C. Roy. Composite asphalt binders:effect of modified RPE on asphalt [J]. Journal of material in civil engineering,2000.

[17] 杨朋. 高模量沥青及其混合料特性研究[D]. 广州:华南理工大学,2012.

[18] 刘建伟. 粉末丁苯橡胶的开发及应用研究[D]. 兰州:兰州大学,2006.

[19] Meng Yong-jun,Zhang Xiao-ning,Lu Yan-qiu. Influence of SBS modifiers on viscoelastic mechanical behavior of modified asphalt[J] . Journal of Harbin Institute of Technology,2010.

[20] 徐青萍,万芳,廖洋,等. SBS 改性沥青的化学改性研究[J]. 公路工程,2009.

[21] 李明国. 聚合物 SBS 改性沥青机理分析[J]. 重庆交通学院学报,2001.

[22] Clyne,Timothy R,Mihai O. Inventory of Properties of Minnesota Certified Asphalt Binders [EB/OL]. http://www. lrrb. org/pdf/200435. pdf,2004.

[23] 周庆华,沙爱民. 沥青高温流变评价指标对比[J]. 交通运输工程学报,2008.

[24] 郑忠钦,蔡氧,黄卫东. 欧洲对沥青高温性能试验万法的评价[J]. 中外公路,2004.

[25] Bahia H,Hanson D. I. Characterization of Modified Asphalt Binders in Superpave Mix Design [EB/OL]. http://onlinepubs. trb. org/ onlinepubs/nchrp/nchrp_rpt_459-a. pdf,2001.

[26] 周庆华,贾渝. 沥青胶结料高温性能试验方法的评价[J]. 长安大学学报(自然科学版),2008.

[27] Geoffrey M. R,John A. D,Mark J. S. Use of the Zero Shear Viscosity as a Parameter forthe High Temperature Binder Specification Parameter[J]. Journal of

Applied AsphaltBinder Technology. 2002,2(2):29-52.

[28] 过梅丽. 高聚物与复合材料的动态力学热分析[M]. 北京:化学工业出版社,2002.

[29] 延西利,封晨辉,梁春雨. 沥青与沥青混合料的流变特性比较[J]. 长安大学学报(自然科学版),2002.

[30] 美国沥青协会. 高性能沥青路面(Superpave)基础参考手册[M]. 贾渝,译. 北京:人民交通出版社,2006.

[31] Cliff N. Analysis of Available Data for Validation of Bitumen Tests[EB/OL]. http://bitval.fehrl.org/fileadmin/bitval/BitVal_final_report.pdf,2007.

[32] 张志强,周进川,饶枭宇. SBS 对基质沥青低温性能改善效果[J]. 重庆建筑大学学报,2004.

[33] 中华人民共和国交通运输部. 公路工程沥青及沥青混合料试验规程:JTG E20—2011[S]. 北京:人民交通出版社,2011.

[34] 中华人民共和国交通运输部. 公路水泥混凝土路面设计规范:JTG D40—2011[S]. 北京:人民交通出版社,2011.

[35] 封基良. 纤维沥青混合料增强机理及其性能研究[D]. 南京:东南大学,2005.

[36] 周纯秀. 冰雪地区橡胶颗粒沥青混合料应用技术的研究[D]. 哈尔滨:哈尔滨工业大学,2006.

[37] 倪富健,尹应梅. 聚酯玻纤布复合沥青混合料疲劳性能[J]. 交通运输工程学报,2005.

[38] 廖克俭,从玉凤. 道路沥青生产与应用技术[M]. 北京:化学工业出版社,2004.

[39] 吉永海,郭淑华,李锐. SBS 改性沥青的相容性和稳定性机理[J]. 石油学报,2002.

[40] 谭忆秋. 沥青与沥青混合料[M]. 哈尔滨:哈尔滨工业大学出版社,2007.

[41] 沈金安. 沥青及沥青混合料路用性能[M]. 北京:人民交通出版社,2000.

[42] ANDERSON D A,LE HIR Y M,PLANCHE J P et al. Zero Shear Viscosity of Asphalt Binder[J]. Transportation Research Record,2002.

[43] 孟勇军,张肖宁,贾娟. 基于不同加载模式的沥青零剪切黏度研究[J]. 交通运输工程学报,2008.

[44] 郭咏梅,倪富健,肖鹏. 基于线黏弹范围的改性沥青动态流变性能[J]. 硅酸盐学报,2011.

[45] 张肖宁. 沥青与沥青混合料的黏弹力学原理及应用[M]. 北京:人民交通出版社,2006.

[46] 樊亮. 沥青与胶泥流变特性研究[D]. 青岛:中国石油大学,2014.

[47] 郭咏梅,倪富健. 改性沥青高温性能评价方法研究进展[J]. 公路工程,2012.

[48] ASTM D7405-10a,Standard Test Method for Multiple Stress Creep and Recovery (MSCR) of Asphalt Binder Using a Dynamic Shear RheomeLer[S].

[49] 曾诗雅,曹正,朱宗凯. 基于多应力蠕变恢复试验的改性沥青高温性能研究[J]. 公路工程,2014.

[50] AASHTO TP70-12,Standard Method of Test for Multiple Stress Creep Recovery (MSCR) Test of Asphalt Binder Using a Dynamic Shear RheomeLer(DSR)[S].

[51] 陈华鑫,李晓明,王秉纲. 沥青低温性能评价方法研究进展[J]. 材料导报,2007.

[52] 栾自胜,雷军旗,屈仆. SBS 改性沥青低温性能评价方法[J]. 武汉理工大学学报,2010.

[53] 李祖仲. 应力吸收层沥青混合料组成设计及抗裂性能研究[D]. 西安:长安大学,2009.

[54] 袁迎捷. 基于 Superpave 的沥青胶浆流变特性与级配优化研究[D]. 西安:长安大学,2004.

[55] 李云雁,胡传荣. 试验设计与数据处理[M]. 2 版. 北京:化学工业出版社,2008.

[56] 刘寒冰,吕得保. 沥青混合料沥青膜厚度的确定[J]. 吉林大学学报(工学版),2011.

[57] 侯芸,魏道新,田波,等. 沥青混合料沥青膜厚度计算方法[J]. 交通运输工程学报,2007.

[58] 刘红英. 沥青膜厚对沥青混合料工程性能的影响[J]. 公路交通科技,2004.

[59] 中华人民共和国交通运输部. 公路沥青路面施工技术规范:JTG F40—2004[S]. 北京:人民交通出版社,2004.

[60] 韦来生. 数理统计[M]. 北京:科学出版社,2008.

[61] 姚祖康. 沥青路面结构设计[M]. 北京:人民交通出版社,2011.

[62] 王旭东,张蕾. 基于骨架嵌挤型原理的沥青混合料均衡设计方法[M]. 北

京:人民交通出版社,2014.

[63] 向晋源,孙杰,朱湘. 沥青混合料 SPT 重复荷载试验评价指标研究[J]. 公路交通技术,2009.

[64] W itczak M W, Kaloush K. Simple Performance Test For Superpave Mix Design [C]. Transportation Research Board NCHRP Report 465. Washington, D. C.: National Research Counci, 2001.

[65] 向晋源,朱湘. SPT 动态蠕变试验影响因素研究[J]. 交通运输工程与信息学报,2009.

[66] 廖公云,黄晓明. ABAQUS 有限元软件在道路工程中的应用[M]. 南京:东南大学出版社,2008.

[67] Park S W, Kim Y R. Interconversion between relaxation modulus and creep compliance for viscoelastic solids[J]. Journal of Materials in Civil Engineering, 1999.

[68] 陈静云,周长红,王哲人. 沥青混合料蠕变试验数据处理与黏弹性计算[J]. 东南大学学报(自然科学版),2007.

[69] Park S W, Schapery R A. Methods of interconversion between linear viscoelastic material functions. Part I-a numerical method based on prony series[J]. International Journal of Solids and Structures, 1999.

[70] 王岚,常春清,邢永明. 胶粉改性沥青混合料弯曲蠕变试验研究[J]. 工程力学,2010.

[71] 薛忠军,张肖宁,詹小丽,等. 基于蠕变试验计算沥青的低温松弛弹性模量[J]. 华南理工大学学报(自然科学版),2007.